7. COLLOQUIUM DER
GESELLSCHAFT FÜR PHYSIOLOGISCHE CHEMIE
AM 12./14. APRIL 1956 IN MOSBACH/BADEN

CHEMIE UND STOFFWECHSEL VON BINDE- UND KNOCHENGEWEBE

MIT 43 TEXTABBILDUNGEN

SPRINGER-VERLAG
BERLIN · GÖTTINGEN · HEIDELBERG
1956

ISBN 978-3-540-02001-1   ISBN 978-3-642-85885-7 (eBook)
DOI 10.1007/978-3-642-85885-7

BRÜHLSCHE UNIVERSITÄTSDRUCKEREI GIESSEN

Inhalt

Begrüßung und Eröffnung

Meine Damen und Herren!

Namens des Vorstandes der Gesellschaft für Physiologische Chemie begrüße ich Sie, die Sie so zahlreich zu unserem 7. Colloquium wieder hierher nach Mosbach gekommen sind, auf das herzlichste. Insonderheit begrüße ich die Herren, die als Gäste der Gesellschaft unserer Einladung gefolgt sind, um uns über ihre Arbeitsgebiete zu berichten, die Herren McLean und Wassermann aus Chicago, Herrn Jorpes aus Stockholm, Herrn Glynn aus Taplow und Herrn Hövels aus Erlangen.

Es ist für uns eine ganz besondere Freude, Herrn Wassermann hier begrüßen zu können. Bleibt es uns doch stets in dankbarer Erinnerung, daß er als einer der ersten nach dem Zusammenbruch Deutschland wieder aufsuchte, um die Zusammenarbeit mit den deutschen Fachgenossen wieder herzustellen, alte Freundschaften zu erneuern und neue zu schließen.

Leider ist unser 1. Vorsitzender, Herr Felix, durch Krankheit verhindert, an diesem Colloquium teilzunehmen. Wie die Colloquien der vergangenen Jahre hat er auch dieses wieder mit Geschick und Umsicht vorbereitet und organisiert. Er läßt allen Versammelten seine Grüße ausrichten.

Ich darf nun Herrn Wassermann bitten, das Wort zu seinem Bericht über die Struktur des Bindegewebes zu ergreifen.

E. Schütte

Über die strukturellen Grundlagen der Chemie und des Stoffwechsels der Stützsubstanzen

Von

F. Wassermann

Argonne National Laboratory, Lemont, Ill. (USA)

Mit 12 Textabbildungen

Die hauptsächlichsten Stützsubstanzen des Körpers, Bindegewebe, Knorpel und Knochen, gehen direkt oder indirekt aus dem embryonalen Mesenchym hervor. Sie machen nach neueren präparatorischen und chemischen Untersuchungen mindestens 10% des Gesamtgewichts der Ratte aus, gegenüber dem genauer bestimmbaren Anteil der Muskulatur von etwa 50%[6].

Wie das Mesenchym aus sternförmigen, mehr oder weniger innig miteinander zusammenhängenden Zellen und einer gallertigen Grundsubstanz besteht, so sind auch alle seine Abkömmlinge durch den Besitz reichlicher *Intercellularsubstanzen* ausgezeichnet. Diese letzteren zerfallen in den sog. amorphen Anteil, die *Grundsubstanz*, und in *Fasern* vom Charakter der kollagenen, sog. reticulären, und elastischen.

Auf dem intercellulären Anteil beruhen die Eigenschaften, die den Stützgeweben ihren Namen gegeben haben, Druck- und Zugfestigkeit und Elastizität.

Als die Medien des extravasalen Stoffverkehrs zwischen den Zellen und der Blut- und Lymphbahn sind die intercellulären Substanzen und Strukturen eine wichtige materielle Grundlage des Stoffwechsels. Auch wird in ihnen das innere Milieu geregelt, in dem die Zellen existieren.

Entsprechend unseren gegenwärtigen Kenntnissen und der eigenen Erfahrung Ihres Referenten legen wir den Schwerpunkt unserer Berichterstattung auf das Bindegewebe und werden diese Kenntnisse auf den Knorpel und den Knochen anwenden können. Bei der Besprechung der Intercellularsubstanzen halten wir an der Unterscheidung zwischen Grundsubstanz und Fasern fest, obwohl wir zeigen werden, daß im submikroskopischen Bereich eine scharfe Grenze zwischen beiden Anteilen der Intercellularsubstanzen nicht vorhanden ist.

Die Feinstruktur der Fasern ist durch das Elektronenmikroskop weitgehend aufgeklärt[2, 17, 31, 34, 39, 45, 46, 47]. Die Einheit aller kollagenen und reticulären Fasern ist eine charakteristische kollagene *Mikrofibrille* (Abb. 1). Bei Durchmessern, die von etwa 300 bis 2000 Å und darüber schwanken, je nach Alter, Art und Funktionszustand der Gewebe[17], und bei Längen, die im Elektronenmikroskop unbestimmt bleiben, sind die Mikrofibrillen

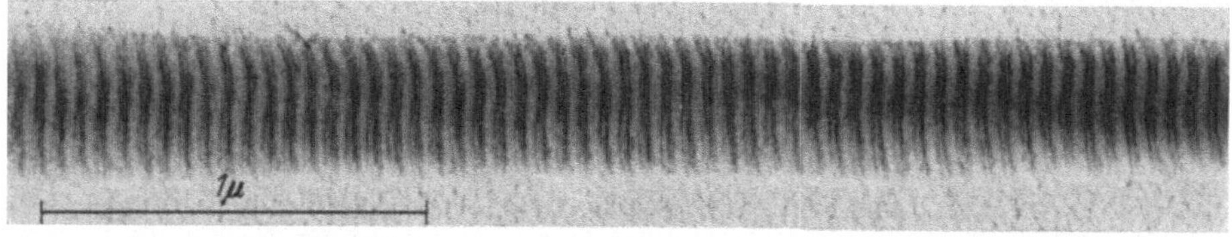

Abb. 1. Mikrofibrille aus der frischen Rattenschwanzsehne. Elektronenbild 38000mal; aus WASSERMANN 1956

durch die regelmäßige Folge von dunkleren und helleren Querbändern ausgezeichnet. Die aus je einem dunklen und hellen Querband bestehende Periode längs der Fibrillenachse ist im Durchschnitt 640 Å lang. Durch dieses Maß unterscheiden sich die Fibrillen der „Kollagengruppe"[1] im ganzen Tierreich von anderen Proteinfibrillen, z. B. den Fibrin- oder Chitinfasern. Durch verbesserte Technik hat man eine Anzahl intraperiodischer Bänder zur Darstellung gebracht, neuerdings bis zu 13[25].

Dieselben Mikrofibrillen, die die Fasern zusammensetzen, kommen als solitäre Elemente in der Grundsubstanz der Bindegewebe regelmäßig vor und bilden hier ein mehr oder weniger dichtes Gitter[37] (Abb. 9).

Die periodische Struktur der Mikrofibrille muß der Ausdruck einer gewissen Anordnung der kollagenen Makromoleküle sein und letzten Endes auch der Struktur der Moleküle selbst[2]. Jedoch ist die Beziehung zwischen der elektronenmikroskopischen Struktur der Fibrille und ihrem molekularen Bau noch nicht aufgeklärt. Auf Grund sowohl polarisationsmikroskopischer wie röntgenspektrographischer Untersuchungen steht fest, daß die Mikrofibrille aus kristallgitterähnlich angeordneten Polypeptidketten

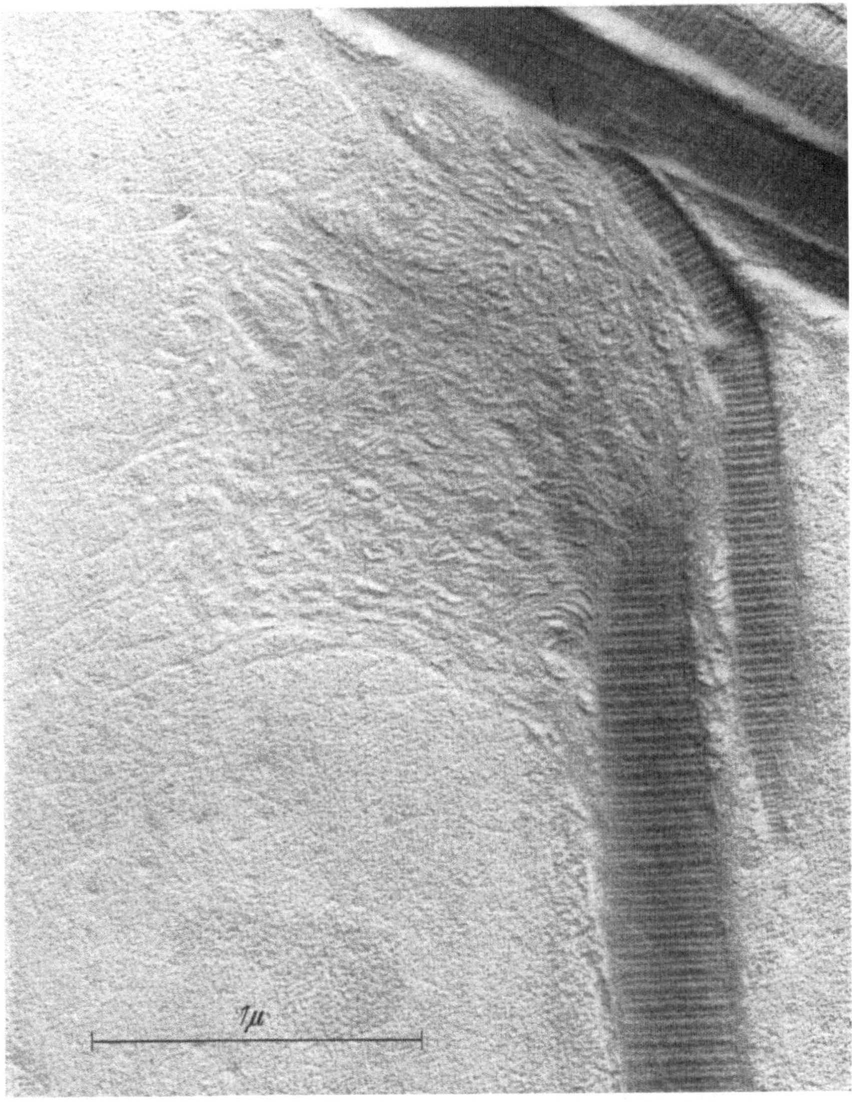

Abb. 2. Mikrofibrillen aus der frischen Rattenschwanzsehne durch Beschallung isoliert. Beachte die Aufsplitterung der Fibrille in Filamente und in kleinere Bestandteile. Durchmesser der Filamente ungefähr 150 Å. Einige Teilfäden können zu feinen Körnern zurückverfolgt werden, welche die dunklen Querbänder zusammensetzen. Elektronenbild 44 000 mal; aus WASSERMANN 1956

besteht. Es erscheint aber von besonderem Interesse, daß sowohl im Polarisationsmikroskop wie im Röntgendiagramm das Vorhandensein weniger geordneter Anteile in diesem System wahrscheinlich gemacht worden ist[30].

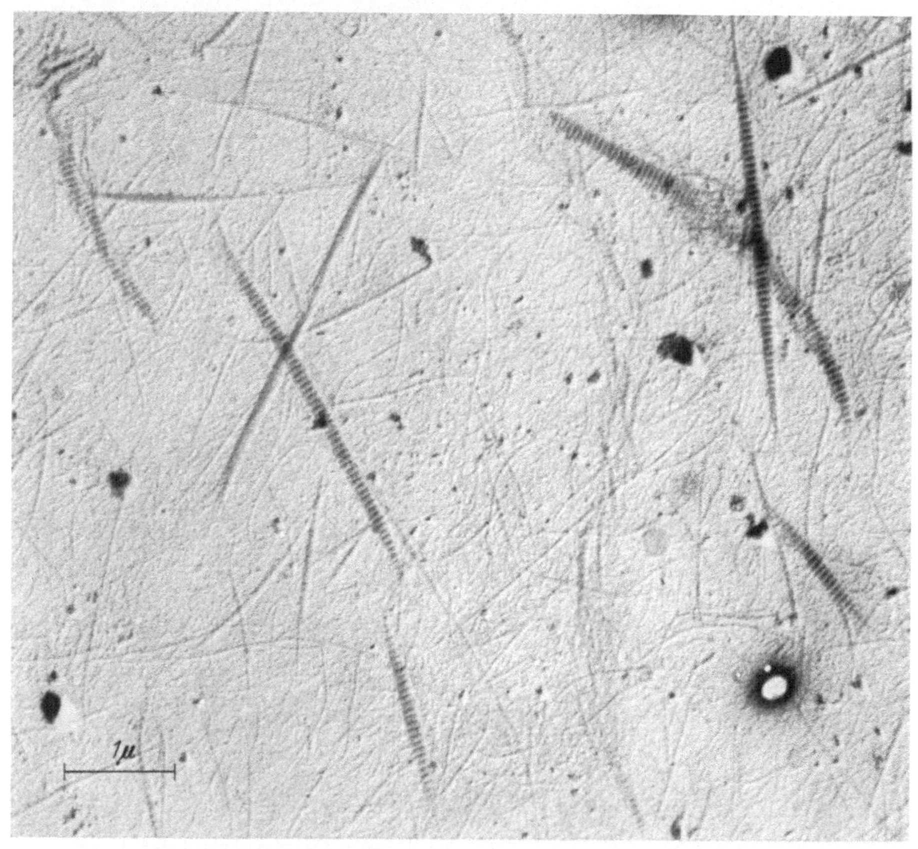

Abb. 3. Ergebnis der Quellung frischer Rattenschwanzsehnen und nachfolgender Beschallung: Quergebänderte „Taktoide" von verschiedenen Größen, oft an den Enden gespalten und in weiterer Aufspaltung begriffen. Die kleineren etwa 150 bis 200 Å dicken Elemente werden daher als Produkte der Aufteilung der Mikrofibrillen aufgefaßt. Elektronenbild 14000mal; aus Wassermann 1956

Die elektronenmikroskopische Strukturforschung sucht durch die Zergliederung der Mikrofibrille an die physikalisch-chemische Erforschung des Kollagens Anschluß zu gewinnen[39, 44]. Auf mechanischem Wege, besonders durch Beschallung, können wir die Fibrille in Filamente von etwa 150 Å Durchmesser und in noch kleinere Bestandteile zerlegen (Abb. 2). Dabei erregen dunkle Körner, die in den Querbändern nebeneinandergereiht sind, unsere Aufmerksamkeit. Sie scheinen sich in der nodulären Struktur der Teilprodukte zu erhalten.

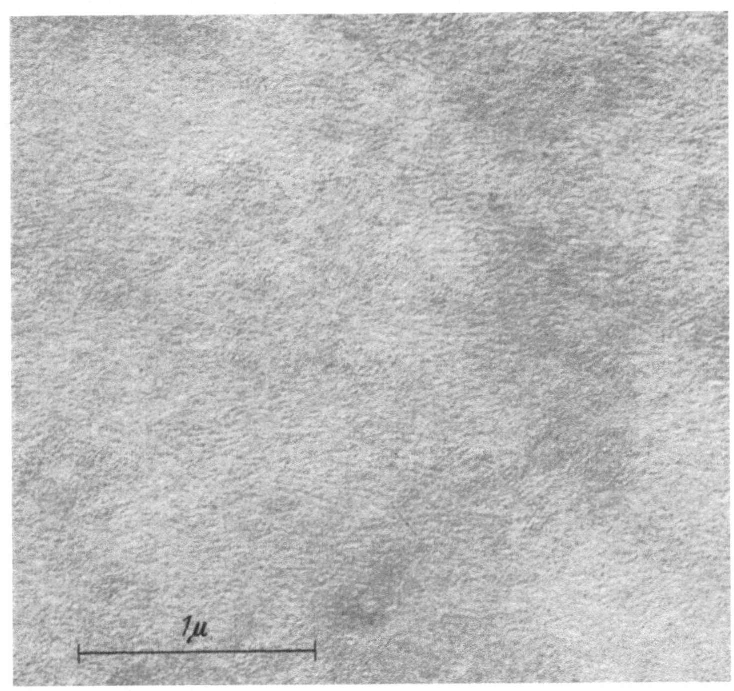

Abb. 4. Elektronenmikroskopisches Bild des getrockneten Rückstands einer Kollagenlösung (Rattenschwanzsehne). Das Bild zeigt eine Masse ziemlich gleichförmiger Partikel, die den durch mechanische Aufteilung erzielten (Abb. 2) bei Durchmessern von ungefähr 100 Å sehr ähnlich sind. Vergrößerung 31000mal; aus WASSERMANN 1956

Die Aufteilung der Fibrillen mittels der Quellung in verdünnten Säuren oder in Alkalien führt über größere und kleinere, noch quergebänderte „taktoide" Teile zu denselben kleinen Einheiten wie die mechanische Zersplitterung (Abb. 3).

Wenn die Fibrillen in verdünnter Essigsäure weitgehend aufgelöst werden, zeigt der getrocknete Rückstand der Kollagenlösung im Elektronenbild (Abb. 4) eine Masse kleiner Partikel[36, 39].

Sie sind den durch mechanischen Abbau erzielten Elementen ähnlich. Die Untersuchung der kollagenen Lösung selbst mittels physikalischer Methoden durch BOEDTKER und DOTY[4] hat ergeben, daß die darin vorkommenden Teilchen 14 Å dicke und 2900 Å lange Stäbchen sind mit einem Gewicht von 300000. Die Kollagenlösung scheint demnach eine makromolekulare Lösung zu sein. Was wir im Elektronenbild sehen, sind offenbar

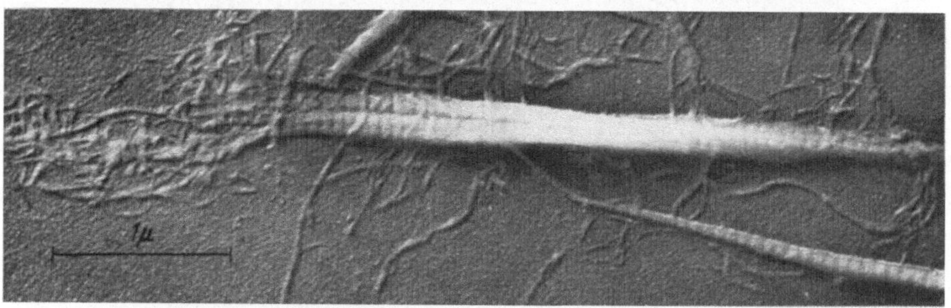

Abb. 5. Rekonstitution von quergebänderten Mikrofibrillen aus der Kollagenlösung. Beachte die Bildung und Zusammenschluß von Elementen, die denen gleichen, welche bei der mechanischen oder chemischen Aufteilung der Mikrofibrillen erscheinen. Elektronenbild 25000mal; aus WASSERMANN 1956

bei der Dehydrierung der Lösung entstehende Aggregate der kleinsten Teilchen, die aber in Form und Ausmaßen eine gewisse Konstanz aufweisen.

Ich glaube, man kann fragen, ob der graduelle Abbau der Mikrofibrillen über Teilprodukte von einer gewissen Regelmäßigkeit in Größe und Form auf das Vorhandensein von beständigeren oder widerstandsfähigeren Gruppen von Makromolekülen hinweist. Nach „Untereinheiten" wird in der Tat gefragt. SCHMITT, GROSS und HIGHBERGER glauben, in ihrem „Tropokollagen" eine solche gefunden zu haben[12, 32, 33].

Quergebänderte Mikrofibrillen können aus der sauren Kollagenlösung durch Zugabe von neutralen Salzen oder durch Erhöhung des p_H auf 5,8 wieder gewonnen werden[36]. Dabei kann man den Zusammenschluß derselben Elemente, die bei der Auflösung entstanden waren, von den kleinsten Elementen bis zu den quergebänderten „Taktoiden" verfolgen (Abb. 5).

Wenn wir durch Pepsinzusatz zu der Kollagenlösung nur eine partielle Hydrolyse der Kollagenmoleküle vornehmen, wird die

Wiederherstellung der Fibrillen auf Stufen festgehalten, die wiederum den vorher gezeigten Teilprodukten ähnlich sind[43] (Abb. 6). Ähnliche Hemmungen der Wiederherstellung der Fibrillen konnten wir nach Bestrahlung der Lösung mit hohen Dosen von γ-Strahlen erzielen[41].

Weiteren Einblick in die Struktur der Mikrofibrille hat das elektronenmikroskopische Studium der *Entwicklung kollagener*

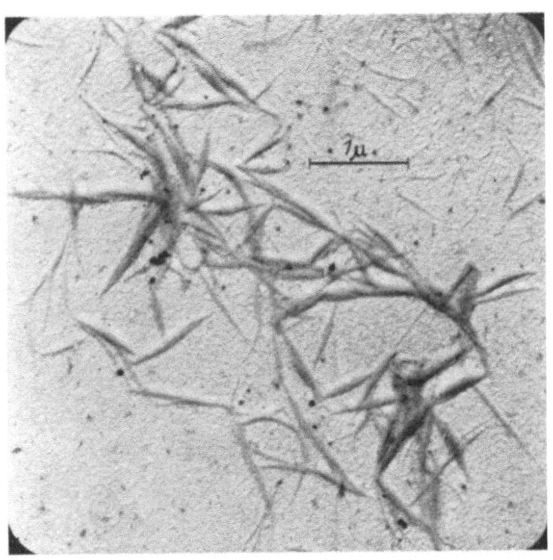

Abb. 6. Rekonstitution von Mikrofibrillen aus einer Kollagenlösung, der Pepsin in einer Konzentration von 0,1% zugesetzt und die für 18 Std. bei 39° C im Wärmeschrank belassen wurde. Die Rekonstitution kann ganz ausbleiben, zur Aggregation granulären Materials führen oder, wie in dem abgebildeten Präparat, zu kleinen fädigen Partikeln und zu kleinen „Taktoiden" fortschreiten. Elektronenbild 25000mal

Fasern in der Gewebekultur[12, 18], im embryonalen[18, 23] und im regenerierenden[38] Bindegewebe erbracht. Die aktive Beteiligung der Fibroblasten an der Genese der Fibrillen ist nunmehr sichergestellt. Im regenerierenden Sehnengewebe der Ratte sind die fibrillären Produkte der Fibroblasten unmittelbar an der Oberfläche der Zellen gelegen. Man findet aber erste fibrilläre Bildungen oft ganz nahe am Kern und zuweilen auch in eindeutig intracellulärer Lage (Abb. 7). Häufig werden Erscheinungen angetroffen, welche eine Ausscheidung nucleolärer Substanzen in das Cytoplasma während der Fibrillenbildung anzudeuten scheinen[39]. Bei diesen jüngsten, feinen Fibrillen, die etwa 150 bis 200 Å dick sind und der regelmäßigen Querstreifung entbehren, handelt es sich sicher nicht um reife kollagene Fibrillen, sondern um Vorstufen derselben. Wir haben sie Primärfibrillen genannt. Wenn man sie aus Schnitten durch regenerierendes Sehnengewebe isoliert, dann erscheinen sie als Elemente, die den bei der Zerteilung der Mikrofibrillen erscheinenden Teilprodukten wiederum

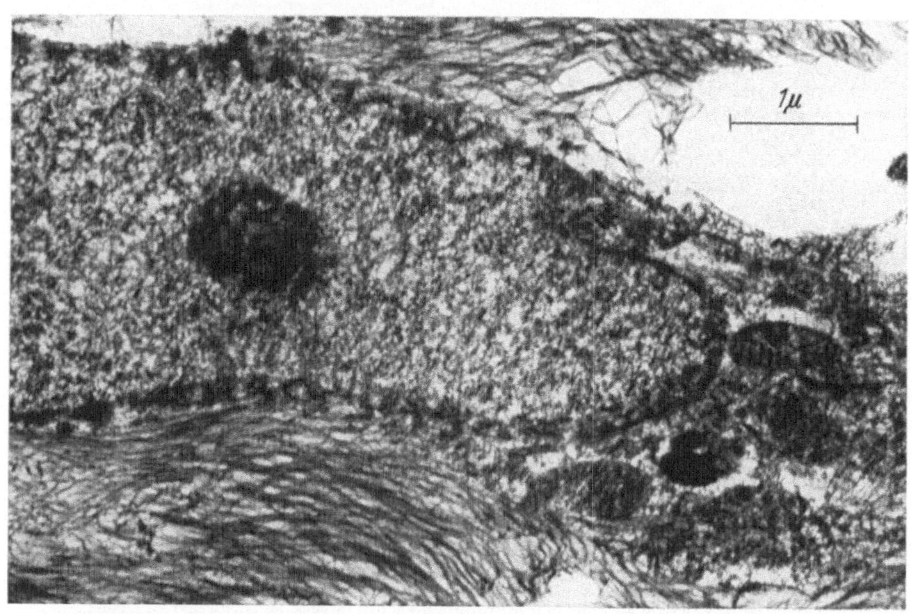

Abb. 7. Teilbild eines Längsschnittes eines Fibroblasten aus einem ultradünnen Schnitt von regenerierendem Sehnengewebe der Ratte. Formalin-Alkohol-Fixierung und nachfolgende Fixierung in gepufferter OsO₄ (p_H 8); Einbettung in Methacrylat. Kern mit Nucleolus, im Cytoplasma mehrere Mitochondrien. Beachte die Primärfibrillen bis unmittelbar an die Kernmembran und die Mitochondrien heranreichend; Primärfibrillen verschmelzen streckenweise miteinander. Elektronenbild 24000mal; aus WASSERMANN 1956

ähnlich sind. Wir haben aus den Bildern die Annahme gefolgert, daß sich die Primärfibrillen als Bausteine der Mikrofibrillen außerhalb der Zellen zusammenschließen und einen Reifungsprozeß durchmachen[38]. Durch Silberimprägnation konnten wir die Primärfibrillen im embryonalen Bindegewebe des Hühnchens sehr deutlich im Elektronenmikroskop darstellen[42]. Am 10. Bebrütungstag erweisen sie sich noch in ein Material eingebettet, das mit dem verzweigten Körper der Fibroblasten in Zusammenhang steht und wohl als Exoplasma der Zellen bezeichnet werden kann (Abb. 8).

In anderen Fällen, wo bei jungen, rasch wachsenden Tieren zweifellos Fibrillen gebildet werden, konnten aber solche auf intracelluläre Entstehung der Primärfibrillen hinweisende Erscheinungen nicht beobachtet werden[37, 38]; wir sind daher zu der

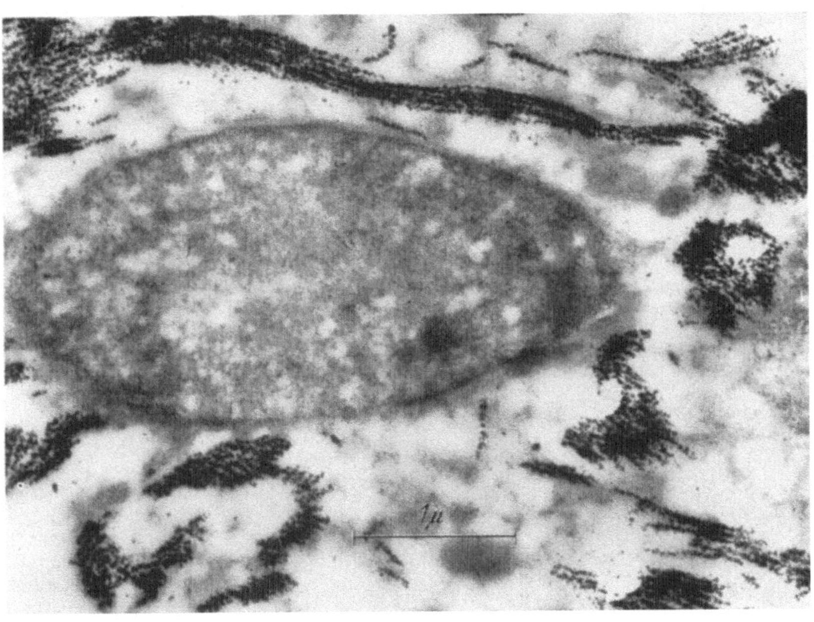

Abb. 8. Fibroblast im Schnitt vom Bindegewebe eines 10 Tage alten Hühnerembryos. Das formalinfixierte Gewebe wurde vor der Einbettung in Methacrylat der Silberimprägnation nach GOMORI unterworfen. Die Primärfibrillen sind durch Auflagerung von Silberpartikeln geschwärzt. Rings um den Kern das graue Netzwerk des Cytoplasmas. Die Fibrillenbündel folgen überall den Balken des Cytoplasmas. Wo die Fibrillen nahezu im Querschnitt getroffen sind, links unten im Bild und rechts vom Kern, sind sie deutlich in die Zellsubstanz eingebettet. Elektronenbild 21 000 mal; aus WASSERMANN 1956

Annahme gezwungen, daß die Zelle sich unter gewissen Bedingungen ausschließlich kleinerer, im Elektronenmikroskop nicht sichtbarer Bausteine der Fibrillen entledigt, vielleicht der kollagenen Moleküle selbst, wie sie in der Kollagenlösung vorhanden zu sein scheinen.

Die Grundsubstanz des Bindegewebes, zu der wir damit kommen, enthält also ein Material, das als „Prokollagen" bezeichnet wird[7]. Im Elektronenbild führen wir noch einmal bei stärkerer Vergrößerung die Grundsubstanz mit den darin eingebetteten solitären Mikrofibrillen vor, um zu zeigen, daß sie, wenigstens in dehydriertem Zustand, angesichts zahlreicher Strukturen die Bezeichnung

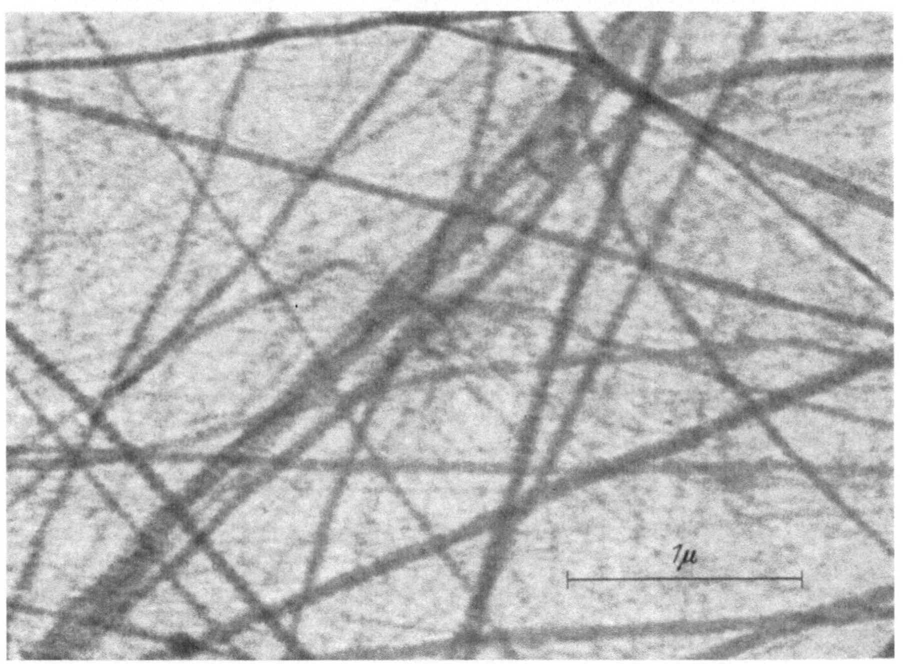

Abb. 9. Häutchenpräparat von der subcutanen Fascie der erwachsenen Ratte. Formalinfixiert (p_H 7), ungefärbt. In der Grundsubstanz das Gitter der solitären Mikrofibrillen mit der kollagenen Querbänderung. Die Grundsubstanz weist außerdem noch feinere, teilweise fädige Strukturen auf, deren Bedeutung vorerst nicht bekannt ist. Elektronenbild 31000mal; aus Wassermann 1956

„amorph" nicht eigentlich verdient (Abb. 9). Ob diese Strukturen mit gewissen Bestandteilen der Grundsubstanz später identifiziert werden können, läßt sich nicht voraussagen.

Neben dem „Prokollagen" gehören zu den charakteristischen Bestandteilen der kolloidalen Grundsubstanz ihre *Mukopolysaccharide*, Hyaluronsäuren und Chondroitinschwefelsäure[24]. Ihnen stehen auf sie eingestellte Fermente, die Hyaluronidasen, gegenüber, so daß man in den Grundsubstanzen mit einem Hyaluron-säure-Hyaluronidasen-System rechnen kann[11]. Art und Menge der Mukopolysaccharide sowie ihr Polymerisationsgrad bestimmen den Charakter der Grundsubstanzen, besonders im Hinblick auf Festigkeit, Wasserbindungsfähigkeit und Permeabilität[9, 10, 16].

Die Mukopolysaccharide lassen sich färberisch im Gewebe-schnitt durch ihre metachromatische Reaktion mit gewissen Farbstoffen wie dem Toluidinblau oder durch rötliche Färbung nach Behandlung der Schnitte mit Perjodsäure und dem SCHIFF-schen Reagens (HOTCHKISS-Reaktion) darstellen. Man kann sich daher über Schwankungen im Gehalt und der Beschaffenheit der Mukopolysaccharide auf histochemischem Wege unterrichten. Wir wissen, daß embryonales und jugendliches Bindegewebe in der Umgebung junger, sog. reticulärer Fasern besonders reich an diesem Material ist. In diesem Zustand ist es noch wenig poly-merisiert[10]. Menge und Verkettung der Mukopolysaccharide können durch Hormone, besonders die der Geschlechtsdrüsen, aber auch der Schilddrüse, Nebenniere (Cortison) und Hypophyse (Wachstumshormon) stark beeinflußt werden[39]. Wenn es beim Makakkus-Affen am Ende des ovariellen Zyklus zum rapiden Zusammenbruch der Grundsubstanz, die sich an gewissen Stellen der Haut sehr reichlich angesammelt hat, kommt, findet eine Resorption der Mukopolysaccharide in großem Ausmaß statt[8]. Dies ist ein extremer Fall, der vielleicht seine Parallele im ge-wöhnlichen Stoffwechsel des Bindegewebes hat[10].

Das gleichzeitige Erscheinen junger Fasern und großer Mengen von Mukopolysacchariden ist von großem Interesse. Der Nach-weis von metachromatischen und HOTCHKISS-positiven Granula in den Fibroblasten im Gewebe[10] und in der Kultur[22], ihre ver-mehrte Anwesenheit in den Geweben mit jugendlicher Grund-substanz[10] sowie der Nachweis, daß die Fibroblasten in der Kultur tatsächlich Mukopolysaccharide produzieren[13], all dies berechtigt zu dem Schluß, daß auch im Körper die Mukopolysaccharide und vielleicht auch die Hyaluronidasen von den Fibroblasten hervor-gebracht werden. Demnach sind diese Zellen als die Produzenten sowohl des kollagenen oder prokollagenen Materials wie auch wesentlicher Bestandteile der Grundsubstanz zu betrachten; mit anderen Worten: *Fibrillenbildung und Grundsubstanzbildung sind miteinander vergesellschaftet.*

Aus dieser Gegebenheit folgt, daß die Mukopolysaccharide an der Bildung der kollagenen Fasern beteiligt sind. Sie sind es sicher insoweit, als sie *die Kittsubstanz* liefern — wahrscheinlich in Form einer Verbindung mit einem Protein —, die wir beim Zerfasern von Sehnen leicht darstellen und durch Extraktion mit Salzen oder durch Behandlung mit Trypsin entfernen können.

Im Elektronenmikroskop kann man zeigen, daß eine Kittsubstanz auch noch zwischen den Mikrofibrillen vorhanden ist[39].

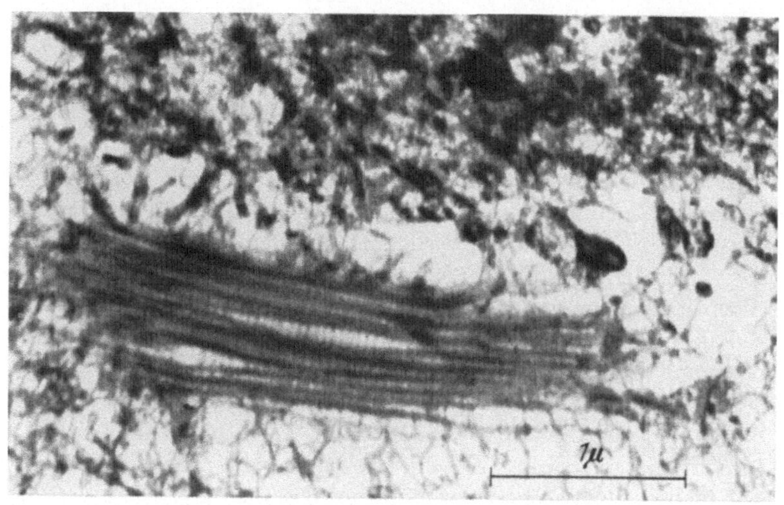

Abb. 10. „Gitterfaser" durch Beschallung aus einem dicken Gefrierschnitt der in neutralem Formalin fixierten Leber isoliert. Wo die Mikrofibrillen auseinanderweichen, sieht man die zwischen ihnen vorhandene Kittsubstanz zu Streifen ausgezogen, die den Perioden der Fibrillen entsprechen. Diese Erscheinung weist auf eine strukturelle Beziehung zwischen Fibrille und Kittsubstanz hin. Elektronenbild 26000mal; aus Wassermann 1956

Quere Strukturen, die beim Auseinanderweichen von Mikrofibrillen zwischen ihnen in der Höhe der dunklen Querbänder zuweilen in Erscheinung treten (Abb. 10), legen den Gedanken nahe, daß der Kittsubstanz eine Struktur von den angrenzenden Fibrillen aufgeprägt sein könnte, vielleicht unter Beteiligung reaktiver Gruppen an der Oberfläche der Mikrofibrillen.

Wir können sagen, daß ein Teil der Grundsubstanz in Form von Kittsubstanz in die Fasern eingebaut wird. Es ist wahrscheinlich, daß die Menge freier Kittsubstanz mit zunehmender

Faserbildung geringer wird[19]. Darüber hinaus besteht die Möglichkeit, daß Mukopolysaccharide am Aufbau der Mikrofibrillen selbst beteiligt sein könnten. Eine Reihe von Autoren haben sich auf Grund von chemischen Untersuchungen von Bindegewebe für die Existenz eines Mukopolysaccharid-Kollagen-Komplexes ausgesprochen[5, 14, 21, 35, 48]. Es ist aber hiergegen eingewendet worden, daß weitgehend gereinigtem Kollagen nur Spuren von Kohlenhydraten anhaften[33].

Gleichviel, wie diese Frage entschieden wird, mit der Anwesenheit einer Kittsubstanz zwischen den Mikrofibrillen dürfen wir sicher rechnen. Gemäß ihrer Herkunft aus der Grundsubstanz wird sie auch Prokollagen enthalten. Damit ist sie eine Quelle für den Zuwachs, den die Mikrofibrillen mit dem Wachstum der Bindegewebsstrukturen, namentlich unter vermehrter mechanischer Beanspruchung, erfahren[17, 30]. Ob aus diesem Material auch ganz neue Mikrofibrillen hervorgehen können, läßt sich aus Mangel an Beobachtungen nicht sagen.

Die Kittsubstanzen werden ähnlich wie die Grundsubstanzen in ihrer Zusammensetzung und Beschaffenheit variieren; die der Reticulinfaser scheint von der der reifen Kollagenfaser verschieden zu sein[39].

Eine Kittsubstanz liegt auch zwischen den Mikrofibrillen des Knochengewebes vor. In ihr findet man die Knochenmineralien in Form von Apatitkristallen eingelagert[3, 29]. Da sie das Medium darstellen, in dem die Mineralien abgelagert werden und auskristallisieren, werden die Kittsubstanzen im Knochen und im Knorpel sich physikalisch-chemisch von anderen Kittsubstanzen und der Grundsubstanz im allgemeinen unterscheiden. Die regelmäßige Anordnung der Apatitkristalle an der Oberfläche der Mikrofibrillen, entsprechend den Perioden der Fibrillen, weist wiederum auf eine Struktur der Kittsubstanz, wie vorher erwähnt, hin.

Wenn wir zusammenfassend bedenken, daß die Fibrillen aus der Kittsubstanz Zuwachs beziehen können, daß umgekehrt bei der Auflösung von Fasern, die unter physiologischen Bedingungen in großem Umfang vor sich gehen kann (z. B. bei der Involution des Uterus post partum oder im Stroma wachsender Organe), kollagenes Material in die Kittsubstanz übergehen kann, dann werden wir enge dynamische Beziehungen zwischen den Strukturen des Bindegewebes und der dazwischen gelegenen „amorphen‟ Substanz nicht in Abrede stellen können. Die Unterscheidung zwischen den beiden Bestandteilen der intercellulären Substanz wird im Bereich der durch das Elektronenmikroskop zugänglich gewordenen Größenordnungen unbestimmt.

Letzten Endes erfolgt der Stofftransport in den Stützsubstanzen über die Grundsubstanz-Zellgrenzen und die Kittsubstanz-Mikrofibrillengrenzen. Was den Stoffwechsel des kollagenen

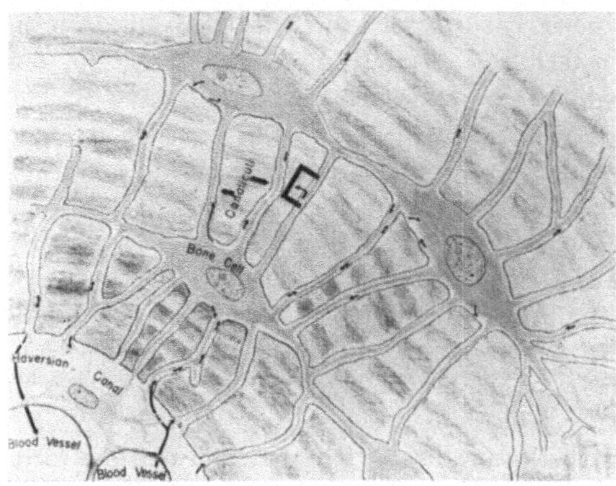

Abb. 11. Schema zur Veranschaulichung des Stoffverkehrs im Knochengewebe. Die aus Gefäßen in den HAVERSschen Kanälen austretenden Stoffe gelangen in die in der harten Intercellularsubstanz ausgesparten Kanälchen und Lacunen. Dabei kommen sie in Berührung sowohl mit den Knochenzellen und ihren Ausläufern wie auch mit der Wand der Kanälchen und Lacunen. Die Pfeile im Bild zeigen die Richtung des Stofftransports von und zu den HAVERSschen Gefäßen sowie Ein- und Austritt von Stoffen durch die Oberfläche der Knochenzellen

Materials im Bindegewebe und im Knochen außerdem den Wechsel der Mineralien betrifft, so beginnt der Abbau und vollzieht sich der Anbau in der aufgezeigten Kittsubstanz zwischen den Mikrofibrillen. Obwohl der Stoffwechsel des Kollagens, wie Tracer-Studien mit radioaktivem Glycin gezeigt haben[26], relativ sehr träge ist, findet doch ein steter Wechsel der Bausteine statt, und der Austausch ist bei den Mineralien im Knochen und Knorpel bekanntlich viel lebhafter.

Es sei erlaubt, diese bis zur Feinstruktur reichenden Bedingungen des Stoffwechsels in den Stützgeweben am Beispiel des Knochens darzustellen. Hier sind sie zwar an die Besonderheiten der Knochenstruktur gebunden, aber das auch für die übrigen

Stützgewebe geltende Geschehen zuinnerst an den Fibrillen läßt sich am Knochen gut darstellen.

Der Knochen besitzt bekanntlich eine reiche Blutgefäßversorgung und eine reichliche Durchblutung. Die letzten Blutgefäße, Präcapillaren und Capillaren, liegen in den HAVERSschen Kanälen. Konzentrisch um diese Kanäle sind die Lamellen des Knochengewebes gelagert, mit den Mineralkristallen zwischen den Mikrofibrillen seiner kollagenen Fasern. In die dadurch gehärtete Intercellularsubstanz sind die Knochenzellen in ausgesparten Lacunen eingeschlossen, und ihre Ausläufer durchsetzen das Gewebe in ausgesparten Kanälen. Diese öffnen sich in die HAVERSschen Kanäle, endigen aber an den Grenzen der HAVERSschen Systeme, wenigstens die meisten von ihnen. Unser Schema (Abb. 11) zeigt, wie die Stoffe aus der Blutbahn durch das spärliche Bindegewebe in der Umgebung der HAVERSschen Gefäße zuerst durchtreten und dann den Kanälen und Lacunen folgen, dabei eine innere Oberfläche des Knochens bestreichend, deren Größe wir uns kaum zureichend vorstellen können. Ein Stück

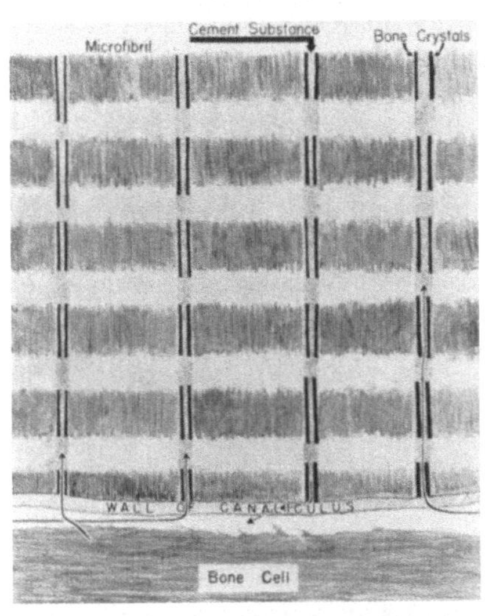

Abb. 12. Schema zur Veranschaulichung eines der rechtwinkligen Umrahmung in Abb. 11 etwa entsprechenden Areals bei einer Vergrößerung, die man mit dem Elektronenmikroskop erreichen könnte. Ein Kanälchen, mit darin gelegenem Ausläufer einer Knochenzelle, ist unten im Bilde zu sehen. In der Intercellularsubstanz sind die quergebänderten Mikrofibrillen eingetragen. In der spärlichen Kittsubstanz zwischen ihnen sind die Apatitkristalle regelmäßig den Perioden der Fibrillen zugeordnet. Um zu der Kittsubstanz, den Knochenmineralien und den Mikrofibrillen zu gelangen oder sie zu verlassen, müssen die betreffenden Substanzen die Grenzschicht durchdringen, die im Schema als Wand des Kanälchens bezeichnet ist

dieser Grenze zwischen dem Hohlraumsystem und dem intercellulären Anteil des Knochengewebes ist in einem zweiten Schema (Abb. 12), das etwa der Vergrößerung des Elektronenmikroskops entspricht, dargestellt. Man sieht, daß die zirkulierenden Stoffe diese letzte Schwelle zwischen Kreislauf und Gewebe permeieren müssen, um in die Kittsubstanz zu gelangen und damit zu den Mineralkristallen und zu den kollagenen Mikrofibrillen. Über diesen Teil der Stoffwechselbedingungen wissen wir noch nichts Sicheres, und mein Schema hat nur vorläufige Bedeutung. Ob zwischen den Zellausläufern und der inneren Oberfläche des Knochens ein von Gewebslymphe erfüllter Raum sich findet, oder ob die Zellen das Hohlraumsystem vollständig ausfüllen, ist noch nicht bekannt. Was hier die Wand der Kanälchen genannt ist, ist als die Neumannsche Grenzscheide schon lange ein Gegenstand besonderen Interesses der Histologen. Neuerdings sind diese Scheiden histochemisch von Lipp[20] untersucht worden. Sie enthalten offenbar reichlich Mukopolysaccharide und scheinen in bezug auf diese Bestandteile den Basalmembranen der Epithelien ähnlich zu sein. Lipp vermutet, daß der Polymerisationsgrad der Grenzscheiden variieren wird, und daß damit ihre Permeabilität sowie die osmotischen Bedingungen für den Stoffaustausch veränderlich sein würden. Die Regelung des Zustandes in diesem Material könnte durch Zellfermente geschehen.

Man könnte gegen mein Schema vorbringen, daß es sich nur auf den ruhenden Knochen beziehe, während doch im Knochen schon unter physiologischen Bedingungen stets Abbau- und Anbauvorgänge sich abspielen. An diese Bewegungen des Materials, bei denen die regelmäßige Ordnung der Gewebsbestandteile verlorengeht, könnten die Stoffwechselvorgänge gebunden sein. Gewiß sind solche von größerem Ausmaß, insbesondere der Abtransport von Calcium unter dem Einfluß großer Parathormongaben, mit der Resorption von Knochen vergesellschaftet[15]. Aber ich glaube, daß ein stetes Stoffwechselgeschehen auch im ruhenden Knochen etwa so, wie das Schema es vorstellt, ablaufen wird. Wir wissen von unseren Tracer-Studien[40], daß der Mineralstoffwechsel im Zahnbein grundsätzlich derselbe ist wie im Knochen, obwohl im Dentin keine örtlichen Abbau- und Anbauprozesse stattfinden.

Unterschiede bestehen zwischen Zahnbein und Knochen allerdings in bezug auf Lebhaftigkeit und die Ansprechbarkeit des Mineralstoffwechsels. Dies lenkt die Aufmerksamkeit wiederum auf die Zellen, welche beim Dentin nicht in allseitiger Berührung mit der Intercellularsubstanz stehen wie im Knochen. Was die Funktionen der Zellen im Kreislauf der Stoffe im Knochen und in den Stützsubstanzen überhaupt betrifft, so sind wir darüber nur wenig unterrichtet. Wir wissen nicht, welche Stoffe etwa an den Knochenzellen vorbeigehen und welche in sie eintreten. Es ist eine dringende Aufgabe der Histologie unsere lückenhaften Kenntnisse über die Funktionen der Zellen der Stützsubstanzen zu ergänzen.

Literatur

[1] ASTBURY, W. T.: Adventures in molecular biology. The Harvey Lectures. pp. 3—44. Springfield, Illinois: Charles C. Thomas Publ. 1950—1951.

[2] BEAR, R. S.: The structure of collagen fibrils. Adv. Protein Chem. 7, 69—160 (1952).

[3] BECHER, H., K. HOEGEN u. G. PFEFFERKORN: Sublichtmikroskopisch-morphologische Untersuchungen des anorganischen Knochenanteils. Acta anat. (Basel) 20, 105—115 (1954).

[4] BOEDTKER, H., and P. DOTY: On the nature of the structural element of collagen. J. Amer. Chem. Soc. 77, 248—249 (1955).

[5] BURTON, D., D. A. HALL, M. E. KEECH, R. REED, H. SAXL, R. E. TURN-BRIDGE and M. J. WOOD: Apparent transformation of collagen fibrils into "Elastin". Nature (London) 176, 966—969 (1955).

[6] CASTER, W. C., JUDITH PONCELET, ADA B. SIMON and W. D. ARMSTRONG: Tissue weight of the rat. I. Normal values determined by dissection and chemical methods. Proc. Soc. Exper. Biol. a. Med. 91, 122—126 (1956).

[7] DORFMAN, ALBERT, and MARTIN B. MATHEWS: The physiology of connective tissue. Annual Rev. Physiol. 18, 69—88 (1956).

[8] DURAN-REYNALS, F., F. H. BUNTING and G. VAN WAGENEN: Studies on the sex skin of Macaca mulatta. Ann. N. Y. Acad. Sci. 52, Art. 7, 1006—1014 (1950).

[9] GERSH, I.: Some fundamental considerations on ground substance of connective tissues. Second Conference on Connective Tissue. New York: Josuah Macy, Jr. Foundation 1952.

[10] GERSH, I., and H. R. CATCHPOLE: The organization of ground substance and basement membrane and its significance in tissue injury, disease and growth. Amer. J. Anat. 85, 457—507 (1949).

[11] GIBIAN, HEINZ: Das Hyaluronsäure-Hyaluronidase-System. Erg. Enzymol. 13, 1—84 (1954).

[12] GROSS, J., JOHN H. HIGHBERGER and FRANCIS O. SCHMITT: Collagen structures considered as states of aggregation of kinetic units. The tropocollagen particle. Proc. Nat. Acad. Sci. Washington 40, 679—688 (1954).

[13] GROSSFELD, H., K. MEYER and G. GOODMAN: Differentiation of fibroblasts in tissue culture as determined by mucopolysaccharide production. Proc. Soc. Exper. Biol. a. Med. 88, 31—35 (1955).

[14] HALL, D. A., M. K. KEECH, R. REED, H. SAXL, R. E. TURNBRIDGE and M. J. WOOD: Collagen and elastin in connective tissue. J. Gerontol. 10, 388—400 (1955).

15 HELLER, M., F. C. McLEAN and W. BLOOM: Cellular transformations in mammalian bones induced by parathyroid extract. Amer. J. Anat. 87, 315—348 (1950).

16 HERINGA, G. C.: Water binding in connective tissue. Exper. Cell Res. Suppl. 1, 366—373 (1949).

17 INGELMARK, B. E.: The structure of tendons at various ages and under different functional conditions. II, Acta anat. (Basel) 6, 193—255 (1948).

18 JACKSON, S. FITTON: The formation of connective tissue and skeletal tissues. Proc. Roy. Soc. (London) Ser. B, Biol. Sci. No. 909, 142, 536—542 (1954).

19 LINKE, K. W.: Elektronenmikroskopische Untersuchung über die Differenzierung der Intercellularsubstanz der menschlichen Lederhaut. Z. Zellforsch. 42, 331—343 (1955).

20 LIPP, WALTHER: Neuuntersuchungen des Knochengewebes. Acta anat. (Basel) 20, 162—200 (1954).

21 LOEVEN, W. A.: The binding collagen-mucopolysaccharide in connective tissue. Acta anat. (Basel) 24, 217—244 (1955).

22 MANCINI, R. E., and E. SACERDOTE DE LUSTIG: Histochemical study on the action of hyaluronidase upon fibroblasts cultivated in vitro. (Abstract, Proc. Histochem. Soc. 1st Meeting, Philadelphia.) J. Nat. Cancer Inst. 10, 1371 (1950).

23 MARTIN, A. V. W.: Electron microscope studies of collagenous fibers in bone. Biochim. et Biophysica Acta 10, 42—48 (1953).

24 MEYER, K.: The chemistry of the ground substances of connective tissue. In ASBOE HANSEN, Connective Tissue in Health and Disease, pp. 54—69, 1954.

25 NEMETSCHECK, TH., W. GRASSMANN u. U. HOFMANN: Über die hochunterteilte Querstreifung des Kollagens. Z. Naturforsch. 10b, 61—68 (1955).

26 NEUBERGER, A., I. C. PERONNE and H. G. B. SLACK: The relative metabolic inertia of tendon collagen in the rat. Biochemic. J. 49, 199—204 (1951).

27 PORTER, K. R.: Repair processes in connective tissue. Second Conference on Connective Tissue. New York: Josuah Macy, Jr. Foundation 1952.

28 PORTER, K. R., and P. VANAMEE: Observations on the formation of connective tissue fibers. Proc. Soc. Exper. Biol. a. Med. 71, 513—516 (1949).

29 ROBINSON, R. A., and M. L. WATSON: Collagen-crystal relationships in bone as seen in the electron microscope. Anat. Rec. 114, 383—409 (1952).

30 ROLLHÄUSER, HEINZ: Untersuchungen über den submikroskopischen Bau kollagener Fasern. Morph. J. 93, 153—169 (1952).

31 SCHMITT, F. O.: X-ray and electron microscope studies of the structure of collagen fibers. J. Amer. Leather Chem. Assoc. 39, 430—441 (1944).

32 SCHMITT, F. O., J. GROSS and J. H. HIGHBERGER: A new particle in certain connective tissue extracts. Proc. Nat. Acad. Sci. Washington 39, 459 (1953).

[33] SCHMITT, F. O., J. GROSS and J. H. HIGHBERGER: Tropocollagen and the properties of fibrous collagen. Exper. Cell Res. Suppl. 3, 326—334 (1955).

[34] SCHMITT, F. O., CECIL E. HALL and MARIE A. JAKUS: Electron microscope investigation of the structure of collagen. J. Cellul. a. Comp. Physiol. 20, 31—33 (1942).

[35] TUSTANOVSKI, A. A., A. L. ZAIDES, G. V. ORLOVSKAYA and A. N. MIKHAILOV: New results on the structure of collagen. Doklady Akad. Nauk SSSR 97, No. 1, 121—124 (1954); translated by J. B. SYKES, A. E. R. E. Lib. Trans. 554, Harwell, Berks, 1955.

[36] VANAMEE, P., and K. R. PORTER: Observations with the electron microscope on the solvation and reconstitution of collagen. J. of Exper. Med. 94, 255—268 (1951).

[37] WASSERMANN, F.: Electron microscope study of the submicroscopic network of fibrils as a component of connective tissue. Anat. Rec. 111, 145—170 (1951).

[38] WASSERMANN, F.: Fibrillogenesis in the regenerating rat tendon with special reference to growth and composition of the collagenous fibril. Amer. J. Anat. 94, 399—438 (1954).

[39] WASSERMANN, F.: The intercellular components of connective tissue: Origin, structure and interrelationship of fibers and ground substance. Erg. Anat. u. Entw.Gesch. 35, 240—333 (1956).

[40] WASSERMANN, F., J. R. BLAYNEY, G. GROETZINGER and T. G. DeWITT: Studies on the different pathways of exchange of minerals in teeth with the aid of radioactive phosphorus. J. Dental Res. 20, 389—398 (1941).

[41] WASSERMANN, F., and AUSTIN M. BRUES: Effect of ionizing radiation on the reconstitution of collagenous fibrils in vitro. Unpublished.

[42] WASSERMANN, F., and L. KUBOTA: Observations on fibrillogenesis in the connective tissue of the chick embryo by the aid of silver impregnation. J. Biochem. a. Biophys. Cytology 2, No. 4, p. 2, Suppl. Proc. of the Arden House Conference on Tissue Fine Structure, p. 67—72, 1956.

[43] WASSERMANN, F., and A. LINDENBAUM: Experiments concerning the effect of enzymes on the reconstitution of collagenous fibrils in vitro. J. Biochem. a. Biophys. Cytology 2, No. 4, p. 2, Suppl. Proc. of the Arden House Conference on Finestructure of tissues, p. 299—303, 1956.

[44] WASSERMANN, F., and L. E. ROTH: Electronmicroscopic observations on the dissociability of the collagenous microfibril. Anat. Rec. 121, 455 (1955).

[45] WYCKOFF, R. W. G.: The fine structure of connective tissue. 3rd Conference on Connective Tissue. NewYork: Josiah Macy, Jr. Foundation 1952.

[46] WOLPERS, C.: Die Querstreifung der kollagenen Bindegewebsfibrille. Virchows Arch. 312, 292—302 (1944).

[47] WOLPERS, C.: Elektronenmikroskopische Kollagenbefunde. Leder 1, 3 (1950).

[48] GRASSMANN, W., u. K. KÜHN: Abbau des Kollagens und des Prokollagens mit Natriumperjodat und Phenyljodosoacetat. Hoppe-Seylers Z. 301, 1—16 (1955).

Diskussion

THOMAS (Göttingen): Herr WASSERMANN hat uns in seinem schönen Vortrag den Aufbau des normalen Bindegewebes gezeigt, und wie es sich unter physiologischen Bedingungen ändert. Ich möchte hier noch etwas Methodisches dazu sagen. Ein Fremdkörper, also eine feste Substanz ins Gewebe gebracht, löst bei ihm irgendeine Reaktion aus. Harmlose Stoffe lösen nichts weiter als eine einfache Fremdkörperreaktion aus. Dazu gehören z. B. die Farbstoffe bei den Tätowierungen. Die schwache Entzündung klingt rasch ab und damit ist die Fremdkörperreaktion abgeschlossen.

Kommt ein Quarzkorn ins Gewebe, so übt es einen Dauerreiz aus, dann reagiert das Bindegewebe immer weiter und weiter, die Entzündung in seiner unmittelbaren Umgebung klingt nicht ab, es bilden sich zunächst reticuläre Fasern neu, dann entstehen kollagene Fasern, Zellen wandern ein und werden allmählich wieder abgebaut, die kollagenen Fasern werden hyalin. Sie reagieren färberisch dann wie Kollagen, aber sie zeigen nicht mehr die einzelnen Faserstrukturen. Man nimmt an, daß sie durch sehr reichliche Kittsubstanz lichtmikroskopisch homogen geworden sind. Da der Dauerreiz durch den Fremdkörper Quarz anhält, hält auch die starke Bindegewebsneubildung an, über Jahre und Jahrzehnte. In der Lunge führt sie zu starken Verschwielungen mit allen ihren Folgeerscheinungen.

Wir experimentieren nicht mit der Lunge, sondern studieren die Grundfrage, die Reaktion des Gewebes auf einen Fremdkörper, am Peritoneum der Maus. Injiziert man ihr etwa 5 mg „Staubpulver" intraperitoneal, dann erhält man in wenigen Wochen den eben geschilderten Ablauf. Man sagt, Quarz sei die Hauptursache von Silikose. Ohne Quarz keine Silikose. Mit Quarzstaub kann man also sehr schön diese pathologische Wucherung des Bindegewebes studieren. Damit sind wir beschäftigt.

Wir haben dann dasselbe auch mit Quarzglas gemacht. Dieser Staub hat an seiner Oberfläche zwar die gleiche Anzahl $\equiv$ SiOH-Gruppen, aber nicht mehr in der gleichen Ordnung wie im Kristall. Quarzglas und andere amorphe Formen von gleicher Korngröße von (SiO_2) machen genau die gleichen Wucherungen des Bindegewebes.

Wir haben dann den Fremdstaub aus menschlichen Lungen dargestellt, wie er sich im Laufe des Lebens angesammelt hat. Wir lösen dazu die ganze Lunge in Formamid auf, der Fremdstaub wird dann einfach abzentrifugiert. Auf diese Weise haben wir bei den Ruhrkohlenarbeitern aus einer Lunge über 100 g Kohlenstaub herausgeholt. Solcher Kohlenstaub enthält natürlich auch mineralische Bestandteile, Quarz und andere Silikate, Glimmer, Tonmineralien eingeschlossen in wechselnder Menge, wie dies bei der Inkohlung zustande kommt. Wenn wir aus solchem Lungenstaub, der also 20 oder 30 Jahre lang in der Lunge gelegen hat, wieder die Quarzfraktion herausholen und diese der Maus einspritzen, so erhalten wir sofort wieder den typischen Ablauf der Gewebereaktionen, also von irgendeiner Differenz zwischen frischen und alten Bruchflächen, wie oft behauptet wurde, ist keine Rede. Wenn wir aus dem Lungenstaub die Quarzfraktion herausholen und den kieselsäurefreien Staub dem Tier eingeben, dann erhalten wir mit dieser

Kohle nur eine völlig harmlose Fremdkörperreaktion. Aber schon ein halbes Prozent Quarz genügt, um die typischen silikotischen Knoten zu machen.

Dr. STRECKER zeigt Ihnen eine Auswahl unserer histologischen Bilder zu meinen Ausführungen. Sie sind in den Beiträgen zur Silikoseforschung veröffentlicht.

SCHÜTTE (Berlin): Ich danke Ihnen vielmals für Ihre Ausführungen und möchte fragen, ob es über diese Beziehungen auch elektronenmikroskopische Untersuchungen gibt.

THOMAS: Ja, aber es ist noch nichts Rechtes dabei herausgekommen. Die Schwierigkeit dabei ist, worauf ja Herr WASSERMANN auch hingewiesen hat, daß man ganz dünne Schnitte braucht. Die sind schwierig herzustellen, noch schwieriger natürlich bei Gegenwart von Staubkörnchen, die sehr hart sind. Sie werden beiseitegeschoben, wenn das Messer kommt und zerreißen den Schnitt. Deswegen ist man hier noch nicht sehr weit gekommen.

FLECKENSTEIN (Freiburg): Ich könnte mir vorstellen, daß die entzündlichen Reaktionen unter Umständen durch Cortison behandelt werden könnten, da es ja die Bindegewebsreaktionen hemmt.

THOMAS: Jawohl, solche Versuche sind gemacht worden, aber Sie können damit natürlich auf 20 Jahre keine Therapie treiben.

GRASSMANN (Regensburg): Ich möchte zum Problem des Kollagens ein paar Worte sagen. Zunächst über die amorphen Vorstufen des Kollagens: Ich habe den Eindruck, daß die Pathologen und Histologen alles das, was als Vorstufe des Kollagens angesehen werden kann, als Prokollagen bezeichnen. Nun muß man nach der neuerlichen Entwicklung unterscheiden zwischen Prokollagen und dem, was die Engländer als "alkaline-soluble collagen" und die Amerikaner wohl etwas unscharf mit "tropocollagen" bezeichnen.

Das Prokollagen — im engeren Sinne — ist ein Material, das mit ganz schwacher Säure in Lösung geht, aus der es als Kollagenfibrillen wieder regeneriert werden kann. Diese regenerierten Fibrillen sind im elektronenmikroskopischen Bild echtes Kollagen mit der deutlichen Querstreifung. Wir haben heute auch Bilder vom Prokollagen, wo die 13 Querstreifen genau so wie im echten Kollagen liegen. Beide enthalten die gleichen Aminosäuren und wahrscheinlich auch in der gleichen Anordnung. Wenn man Kollagen und Prokollagen mit Trypsin abbaut und die Spaltstücke elektrophoretisch trennt, bekommt man in beiden Fällen die gleichen Produkte.

Unterschiede bestehen bezüglich der Kohlenhydratgruppierung; aber da haben wir noch keine präzise Vorstellung, weil man das Kollagen als solches nicht in solch definierter und reiner Form herstellen kann wie das Prokollagen, das man lösen und von neuem abscheiden, also gleichsam „umkristallisieren" kann. Ein Unterschied ist aber außerordentlich charakteristisch; Prokollagen löst sich in allen Mitteln, die Wasserstoffbrücken sprengen, vollkommen auf, also in Harnstoff, in Phenol, in Lithiumjodid, in Thioharnstoff und dergleichen. Kollagen tut das nicht. Man kann aus ihm, je nach dem Alter, zwischen 3 und 15% lösliches Kollagenmaterial herauslösen, aber nicht mehr. Es muß also im reifen Kollagen noch eine zusätzliche Verfestigung, eine Quervernetzung da sein, die im Prokollagen fehlt, vielleicht Esterbindungen.

Nun haben wir als Drittes, was die Engländer als "alkaline-soluble collagen" bezeichnen. Dieses ist gar nicht alkali-löslich im eigentlichen Sinn, sondern es ist ein Material, das in ganz schwach alkalischen Puffern mit Salzen, deren Zusammensetzung genau denen der Gewebsflüssigkeit entspricht, herauslösbar ist. Dieses Material muß im Gewebe in löslicher Form vorhanden sein und der Zwischensubstanz oder der Grundsubstanz angehören.

Vom Prokollagen können wir heute sagen: Es enthält Kohlenhydrate, Glucose, Mannose und wahrscheinlich Galactose, aber sicher kein Glucosamin. Letzteres ist nur in den ersten ungereinigten Präparaten enthalten, verschwindet aber nach nochmaliger Umfällung.

Hier komme ich auf einen schwierigen Punkt: Die Frage der typischen Mucopolysaccharide vom Hyaluronsäuretypus. In der Haut, wo wir allein Erfahrung haben, ist der Gehalt an Glucosamin schon recht klein, der an Hexuronsäure aber so gering, daß man beinahe Bedenken hat, diesen Bestandteilen eine so wesentliche Rolle zuzuschreiben. Trotzdem messe ich ihnen aber eine große Bedeutung bei.

Kollagen und auch gereinigtes Prokollagen enthalten sicher Kohlenhydratgruppierungen. Das sehen Sie daran, daß Sie es mit der Perjodat-Schiff-Reaktion anfärben, aber auch daran, daß Sie Kollagen oder Prokollagen mit Perjodat vollständig auflösen können. Wenn Sie eine solche Lösung auf Aminosäuren analysieren, stellen Sie fest, daß denen dabei nichts passiert ist. Das Perjodat kann offenbar nur an Kohlenhydratgruppierungen angreifen. Aber nun kommt ein sehr schwieriges und im Augenblick noch undurchsichtiges Problem. Beim Abbau mit Perjodat erhalten wir Spaltprodukte mit einer Kettenlänge von im Mittel 25 Aminosäuren. Wenn man sich nun vorstellt, daß da irgendwelche Kohlenhydrate tief in die Ketten eingebaut sind, dann müßte auf alle 25 Aminosäuren ein Kohlenhydrat kommen; d. h. man müßte etwa 4 Mol%iges Kohlenhydrat darin finden. Man findet aber höchstens $^1/_4$ davon, meist noch weniger: $^1/_6$ oder $^1/_8$. Diesem Befund stehen wir vorläufig noch ein bißchen ratlos gegenüber. Eventuell handelt es sich um Kohlenhydrate, die man nicht analytisch erfassen kann oder etwas Ähnliches.

Dann wollte ich noch zum Problem der Querstreifung einen neuen und wie ich glaube, interessanten Befund mitteilen. Es gibt zwei Theorien: nach der einen wechseln geordnete und ungeordnete Bereiche, nach der anderen Bereiche mit polaren und solche mit apolaren Aminosäuren miteinander ab. Gerade in neuerer Zeit ist die Vorstellung in den Vordergrund gerückt worden, daß die kristallinen Bereiche, die ja wohl die sog. "interbands" sind (mit Fragezeichen, möchte ich noch immer sagen), hauptsächlich aus Glykokoll, Prolin und Oxyprolin aufgebaut sind.

Die ersten sieben Aminosäuren vom Aminoende her und die ersten vier vom Carboxylende her enthalten kein Prolin und kein Oxyprolin, sondern das Prolin und das Oxyprolin gehören zusammen mit dem Glykokoll einem Mittelstück dieses Peptids von ungefähr 29 Aminosäuren an. Es besteht etwa aus 14 Resten Prolin und Oxyprolin, etwa 11 oder 12 Resten Glykokoll und einem bißchen Serin und Alanin. So möchte ich also heute als ziemlich sicher ansehen, daß es längere, ausschließlich aus Prolin und Oxyprolin und ganz kleinen Monoaminosäuren, also Glykokoll, Alanin und Serin aufgebaute Klumpen im Kollagen gibt.

AMMON (Homburg/Saar): Injiziert man Kaninchen intravenös kolloidale Kieselsäure, so erhält man eine wunderschöne klassische Cirrhose mit einem Riesenmilztumor (25 und mehr g schwer), die mit einer steinharten, mit dem Messer nur schwer zu durchtrennenden Leber endet. Wenn wir den Tieren gleichzeitig mit der Kieselsäure Kollidon intravenös verabfolgen oder sie vorher mit Kollidon behandeln (das ja z. T. auch in der Leber gespeichert wird), so verläuft die Cirrhose sehr viel milder; wir müssen viel länger Kieselsäure verabfolgen, um eine gleichstarke Cirrhose zu erhalten.

KÜHNAU (Hamburg): Eine ganz kurze Frage an Herrn GRASSMANN: Könnte evtl. das Threonin bei dem Perjodsäureverbrauch des Kollagens beteiligt sein?

GRASSMANN: Nein, das ist offenbar nicht so. Auch rein theoretisch kann das Threonin nur dann von Perjodsäure abgebaut werden, wenn seine Aminogruppe frei ist.

DEUTICKE (Göttingen): Eine kurze Frage an Herrn WASSERMANN. Haben Sie auch Versuche mit der Ultrazentrifuge durchgeführt? Ich frage in bezug auf die Muskeleiweißkörper, bei denen man durch einfache p_H-Verschiebung Änderungen in der Molekülgröße erfassen kann, die z. T. reversibel sind.

WASSERMANN: Eine maßgebliche, von mir bereits herangezogene Arbeit ist die von BOEDKER und DOTY in Boston (4), die sich mit den Teilchengrößen befaßt.

HARTMANN (Göttingen): Welche Dicke haben Ihre Filamente?

WASSERMANN: Die Filamente sind ungefähr 150—200 Å dick. Ich habe mit Hilfe eines Mathematikers ausgerechnet, daß in 500 Å dicken Fibrillen etwa 2000 Kettenmoleküle enthalten sein können (37).

HARTMANN: Wenn ich Sie recht verstanden habe, dann lehnen Sie es also ab, daß die Mucoproteide die Filamente zusammenkitten. Nun erhebt sich die Frage, wodurch sind die einzelnen Peptidketten aneinandergekittet? Ich frage deswegen, weil die Säure- und Basenquellung noch ungeklärt ist. Man hat versucht, sie mit Hilfe des Röntgenbeugungsspektrums zu analysieren. Im Röntgenspektrum treten eine Unzahl von Reflexen auf, die jedoch bei der Quellung alle unverändert bleiben bis auf einen, den 11—12 Å-Reflex, von dem man annimmt, daß er dem Parallelabstand zweier Polypeptidketten entspricht. Er ist der einzige Reflex, der wandert. Und zwar erweitert er sich auf 14—15 Å. Wo greifen diese Veränderungen ein? In die Seitenkettenbindungen oder sind bereits zwischen die Polypeptide Mucoproteide eingelagert? Da die Hyaluronidase, in die Rattenschwanzsehne gebracht, nichts verändert, möchte ich annehmen, daß die Peptidketten über die Seitenketten aneinandergereiht sind, und vielleicht erst im Bereich der Filamente die erste Mucoproteidschicht auftritt.

Die zweite Frage betrifft die Unreinheit, von der Sie gesprochen haben. Wir haben versucht, bereits bei ganz jungen Ratten an der Schwanzsehne solche Röntgenbeugungsdiagramme zu bekommen, es ist uns aber nicht gelungen. Erst bei 50—60 g schweren Tieren kommt das typische Diagramm zustande, das dann bis ins Alter konstant bleibt. Wahrscheinlich wird in der Schwanzsehne einer ganz jungen Ratte die röntgenologische Grundstruktur durch die vielen Kittsubstanzen verdeckt. Denn in jungen Geweben ist das Verhältnis Kittsubstanz zu Fasersubstanz zugunsten der ersteren verschoben.

Abschließend noch ein Wort zum Cortison. Wenn man Ratten unter Cortison wachsen läßt, so reift ihre Bindegewebsstruktur schon wesentlich früher als bei normal wachsenden Ratten. Wir führen das darauf zurück, daß das Cortison das Verhältnis Grundsubstanz zu fibrillärer Substanz zugunsten der letzteren verschiebt; das würde also der Vorstellung entsprechen, daß das Cortison ein Alterungshormon ist.

WASSERMANN: Zu Ihrer ersten Frage, Herr HARTMANN, könnte nur Herr GRASSMANN Stellung nehmen. Was den Einfluß der Quellung auf die Molekularstruktur betrifft, so kann man darüber etwas aus der bekannten Abhandlung von BAER (Boston[2]) erfahren. Was die Veränderung des Röntgendiagramms bei fortschreitendem Alter anlangt, verweise ich auf diese Arbeiten von Dr. HEINZ ROLLHÄUSER in Marburg[30], der mit dem Polarisationsmikroskop und mit Röntgenstrahlen gearbeitet und gefunden hat, daß in den jungen Fasern noch viel ungeordnetes Material vorhanden ist. Wir sind darüber einig, daß die Grundsubstanz, oder wie ich lieber sage, die Kittsubstanz, ungeordnetes Material enthält. Dies erweist sich auch darin, daß bei Streckung der jungen Sehne ihre Eigendoppelbrechung kommt.

Was die Untersuchungen von Herrn THOMAS über die Silikose betrifft, so möchte ich Sie aufmerksam machen auf Arbeiten von EVANS und ZEIT [J. Labor. a. Clin. Med. 34, 592 (1949)] über den Einfluß von Staub auf die Produktion von Fibrillen. Sie haben gefunden, daß es auf die Form der Partikel ankommt, ob es symmetrische oder asymmetrische sind, und ob diese Partikel piezoelektrische Eigenschaften haben oder nicht.

Natürlich möchte man wissen, ob es Substanzen gibt, die die Fibrillenbildung direkt veranlassen. Es ist vielleicht von Interesse, daß das antiepileptische Präparat „Dilantin" bei Kindern eine starke Fibrosis des Zahnfleisches sowie Veränderungen am Knochen und Lebercirrhose hervorruft. Es scheint etwas zu enthalten, was, nach meiner eigenen Erfahrung bei Kaninchen, per os gegeben, die Bindegewebsbildung direkt beeinflußt.

Die Mucopolysaccharide und Glykoproteide
des Bindegewebes

Von

Erik Jorpes und Ikuo Yamashina

Chemische Abteilung II des Karolinischen Instituts Stockholm

Mit 4 Textabbildungen

Einteilung

Wenn man über Mucopolysaccharide und Glykoproteide des
Bindegewebes sprechen will, muß man sich von Anfang an darüber
klar sein, daß die angegebenen Klassifikationen der hierher ge-
hörenden chemischen Verbindungen sehr wenig zur Klärung des
Gebietes beitragen. In einer Zusammenstellung von 1953 über
"Mucoproteins and Mucoids" bestätigt Karl Meyer, daß auf
diesem Gebiet jeder Verfasser seine eigene Terminologie und
Klassifikation verwendet, was zur Folge hat, daß die Verwirrung
größer ist als auf irgendeinem anderen Gebiet der Biochemie.

Bezüglich der üblichen Einteilung der animalen Glykoproteide verweise ich hier nur auf die Zusammenstellung von
G. Blix im Lehrbuch der physiologischen Chemie von Flaschenträger und Lehnartz (Die Stoffe, S. 751, 1951), wo auf die
älteren Zusammenstellungen von Levene (1926), Meyer (1938,
1945) und Stacey (1946) hingewiesen wird, und auf die Übersicht über das ganze Gebiet der Mucopolysaccharide von Kent und
Whitehouse in der Monographie "Biochemistry of the Amino-
sugars" aus dem vorigen Jahre.

Ohne zu den verschiedenen Vorschlägen zur Einteilung der
Glykoproteide Stellung zu nehmen, kann man jedoch feststellen,
daß die prosthetischen Gruppen *der sauren Glykoproteide*, die
Chondroitinschwefelsäure, die Keratoschwefelsäure, die Hyaluron-
säure, das Heparin und teilweise auch die Sialinsäure bzw.
Neuraminsäure gemeinsame Eigenschaften haben, ganz andere

als die aus dem acetylierten Glucosamin und den Neutralzuckern, Mannose, Galaktose und L-Fucose aufgebauten prosthetischen Gruppen der *neutralen Glykoproteide*. Es ist fraglich, ob man berechtigt ist, die obengenannten sauren Polysaccharide zu den Glykoproteiden zu rechnen, oder ob man sie lieber nach Stacey (1953) als Mucopolysaccharide oder mit Kent und Whitehouse (1955) als Aminopolysaccharide bezeichnen sollte. Ihre elektrische Ladung, die bei den sulfathaltigen Verbindungen besonders stark ist, ermöglicht eine weitgehende salzartige Komplexbildung mit den Proteinen, die auch eingehend studiert worden ist. In der Gruppe der neutralen Glykoproteide liegt eine viel stärkere Bindung der prosthetischen Gruppe an den Proteinteil vor.

Diese Betrachtungsweise kommt derjenigen von Masamune am nächsten (Masamune 1956). Wo der Polysaccharidteil aus Uronsäure und Hexosamin aufgebaut ist, überwiegt die elektrostatische Attraktion zu dem Proteinteil, etwa wie in den Nucleoproteiden. Dies gilt vor allem für die Fälle, in denen das Polysaccharid mit Schwefelsäure verestert ist. In den neutralen Glykoproteiden, Masamunes „Glucidaminen", ist die prosthetische Gruppe stärker an die Aminosäuren gebunden. Masamune hat selbst einen kristallinischen N-acetylglucosamin-galaktosidserin-äther aus dem Polysaccharid des Magenschleims isoliert.

Über die Bindungsweise der noch wenig erforschten Sialinsäure bzw. Neuraminsäure ist es zu früh, etwas zu sagen.

Vorkommen

In der Zusammenstellung von Asboe-Hansen von 1954 über "Connective Tissue in Health and Disease" sagt Robb-Smith über die Feinstruktur und Chemie des Bindegewebes: „Das Bindegewebe besteht aus einem Netzwerk von Kollagen, Retikulin und elastischen Fasern in einer nicht fibrillären Grundsubstanz mit stark variierendem Gehalt an Kohlenhydraten. Im Gewebe verstreut liegen eine Menge von Zellen, Fibroblasten und Mastzellen."

Es ist für das Stützgewebe sogar charakteristisch, daß besonders saure Polysaccharide vom Typus der Chondroitinschwefelsäure hier vorkommen. Letztere beträgt nicht weniger als 20—30% der Trockensubstanz des hyalinen Knorpels und kommt in der

Matrix der Knochensubstanz, im Nucleus pulposus, in den Sehnen, in dem Unterhautgewebe, in den Wänden der Blutgefäße und in der Cornea vor. Parenchymatöse Organe enthalten dagegen sehr wenig davon.

In dem autoradiographischen Bilde tritt außer dem Knorpelgewebe die Aortenwand besonders stark hervor. Man sieht das Unterhautgewebe, das Ligamentum nuchae, und besonders deutlich

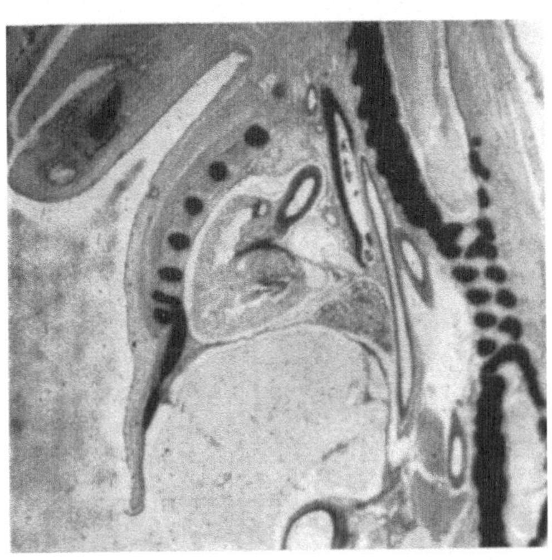

Abb. 1. Autoradiographisches Bild eines 3 Wochen alten Kaninchenembryos, das 16 Std. nach der Injektion von ^{35}S-haltigem Sulfat aus dem Muttertier herausgenommen und analysiert wurde

die Haut selbst. In den Papillen und in der Nähe der Haarfollikel kommen nämlich sulfathaltige Polysaccharide reichlich vor. Der Platz der Leber ist jedoch leer.

Der Gehalt des Bindegewebes an Polysacchariden

GRASSMANN zeigte 1935, daß das Hautkollagen etwa 0,6% Polysaccharide enthält. 1941 isolierten MEYER und CHAFFEE Chondroitinschwefelsäure aus der Schweinehaut, und zwar die sog. B-Säure (s. MEYER in ASBOE-HANSENs Monographie S. 54). Die Menge an Chondroitinschwefelsäure und Hyaluronsäure der menschlichen Haut wurde von PEARCE und WATSON in Kanada (1947, 1949) bestimmt. In der normalen Haut fanden sie auf 100 g frischen Hautgewebes etwa 25 mg von jeder der beiden

Substanzen, im myxödematösen Gewebe viel mehr. CONSDEN und Mitarbeiter (s. RANDALL 1953, S. 196) analysierten 1953 das Polysaccharid der Unterhaut der Ellenbogengegend und fanden Galaktose, Mannose und Hexosamin. Dasselbe fanden BOWES und KENTEN 1948 im Bauchunterhautgewebe. Während der Hitzecoagulation von Sehnenkollagen wird nach BANGA und BALÓ (1954) etwa 2—6% der Trockensubstanz extrahiert. Der Trockenextrakt enthält 3—6% Kohlenhydrate. Die kollagenen Fasern der Achillessehne und die elastischen Fasern des Ligamentum nuchae enthalten 1,1—1,3% Kohlenhydrate, fünfmal mehr als das aus ihnen dargestellte Kollagen bzw. Elastin.

Die bisher besten Analysen verschiedener Bindegewebsarten vom Rind sind von GLEGG u. Mitarb. in Montreal 1954 ausgeführt worden. Sie analysierten die Lunge, die viel reticuläre Fasern und basale Membranen enthält, die Achillessehne und die Haut, die beide reich an kollagenen Fasern sind, das Ligamentum nuchae, ein elastisches Gewebe, Knorpel und die decalcifizierte Knochenmatrix. Die Gewebe wurden 4 Tage lang in der Kälte mit Natriumhydroxyd extrahiert und die neutralisierten Extrakte zwecks Ausfällung der sauren Mucopolysaccharide mit 2 Vol. Alkohol versetzt.

Durch Erhöhung der Alkoholkonzentration auf 84% wurde eine zweite Fällung (Fraktion II) erhalten. Die Fraktionen wurden enteiweißt.

Tabelle 1. *Polysaccharidgehalt verschiedener Bindegewebsarten nach* GLEGG *et al. 1954 in Prozent des Trockengewichtes*

	Fraktion I	Fraktion II
Elastisches Gewebe (Lig. nuchae)	0,1	0,3
Achillessehne	0,2	> 2,0
Lunge	0,7	5,6
Haut.	0,3	6,8
Knorpel	14,8	3,5
Knochen	0,2	2,4

Bei allen untersuchten Geweben, mit Ausnahme des Knorpels, war die Ausbeute aus Fraktion II größer als aus Fraktion I (Tab. 1). Fraktion I enthielt Glucuronsäure, Fraktion II Galaktose, Mannose und L-Fucose, aber keine Glucuronsäure.

Die erste Fraktion aus der enteiweißten Knochenmatrix enthielt 28,4% Hexosamin, 21% Uronsäure und 5,1% Schwefel. Die zweite Galaktose, Mannose und Fucose, aber keine Schwefelsäure oder Uronsäure (GLEGG und EIDINGER 1955).

Polysaccharide als Komponente des Stützgewebes

Die Histologen haben allgemein damit gerechnet, daß die kollagenen Fibrillen des Stützgewebes durch irgendeine Kittsubstanz, wahrscheinlich Chondroitinschwefelsäure, zusammengehalten werden. Auf den hohen Gehalt an Chondroitinschwefelsäure hinweisend, behaupteten PARTRIDGE (1948) und BOWES und KENTEN (1950), daß diese Säure auch die Kittsubstanz des Knorpels sei. WOODIN schlug 1952 eine ähnliche Struktur für die Cornea vor, wie auch JACKSON (1953) für die Sehnen, wo der Polysaccharidgehalt jedoch nicht 1% übersteigt. In der Tat ist die Chondroitinschwefelsäure auch nicht so leicht mit Wasser extrahierbar wie z. B. die Nucleinsäuren. EINAR HAMMARSTEN zeigte 1924, daß Kochsalz genügt, um den Nucleinsäure-Proteinkomplex zu dissoziieren. Um Chondroitinschwefelsäure aus feingepulvertem Knorpel mit guter Ausbeute zu extrahieren, muß man Natronlauge, 0,01—0,5 N, oder eine halbgesättigte Lösung von Calciumhydroxyd verwenden. Wird die Extraktion mit neutralen Salzlösungen ausgeführt (BLIX und SNELLMAN 1945), ist die Ausbeute sehr gering, das Produkt aber hochviscös mit einem sehr hohen Molekulargewicht, nach BLIX und SNELLMAN 260000 und nach MATHEWS (1955) 150000. Das nach der Extraktion mit Alkali erhaltene Material zeigt Werte zwischen 18000 und 48000 und eine geringe Viscosität. Ebenso beeinflußt Verdauung mit Papain (MUIR 1956) sehr schnell die Viscosität und die Molekülstruktur, auch wenn die Wirkung des Papayalysozyms spezifisch gehemmt ist. Offenbar werden größere Komplexe von Chondroitinschwefelsäuremolekülen durch Proteinmoleküle zusammengehalten und diese Komplexe durch Alkali oder Papain aufgespalten.

Wahrscheinlich wirken diese Komplexe stabilisierend auf die mesenchymale Grundsubstanz. Jedenfalls trägt die Chondroitinschwefelsäure nebst der ebenfalls im Bindegewebe vorkommenden Hyaluronsäure dazu bei, das humorale Gleichgewicht in den Geweben zu bewahren. Beide werden durch Hyaluronidase depolymerisiert, wonach eine schnelle Diffusion von Wasser und Kolloiden in das umgebende Gewebe eintritt.

Viel diskutiert worden ist die Frage über die Bedeutung der Gewebsmucopolysaccharide für die Bildung der strukturellen Elemente des Bindegewebes. GROSS u. Mitarb., die die Fibrillenbildung aus gelöstem Schwimmblasenkollagen (Ichtyocol) studierten, gaben 1951 und 1952 an, daß eine Menge organischer Substanzen animalen und pflanzlichen Ursprungs eine Fibrillenbildung hervorrufen können. Sehr aktiv in dieser Hinsicht sind Hyaluronsäure, Chondroitinschwefelsäure und ganz besonders das Heparin. Ein geringer Zusatz von sauren Polysacchariden genügt, um eine geordnete Fibrillenstruktur der homogen verteilten kolloiden Partikelchen hervorzurufen. Für das Heparin genügt nach MORRIONE (1952) eine Konzentration von 1:80000, um einer homogen feinverteilten Suspension von Kollagen aus Rattenschwanz die fibrilläre Struktur zurückzugeben. Die Wiederherstellung der Fibrillenstruktur wurde von JACKSON und RANDALL in der Monographie von RANDALL (1953, S. 181) ausführlich behandelt.

Die Bindung zwischen Polysaccharid und Eiweiß

Man hat sich bisher hauptsächlich für die sauren Glykoproteide interessiert. Die Komplexbildung zwischen Chondroitinschwefelsäure bzw. Hyaluronsäure und Eiweiß wurde in einer Diskussion der Faraday Society in London 1953 von KARL MEYER und von OGSTON und STANIER eingehend behandelt. Eine covalente Bindung zwischen Eiweiß und Chondroitinschwefelsäure ist nach MEYER jedenfalls ausgeschlossen. GORTER und NANNINGA behandelten bei derselben Gelegenheit die entsprechende Komplexbildung zwischen Eiweiß und Heparin. Es liegt am nächsten, an eine salzartige Bindung in diesen Komplexen zu denken.

Auch bei dem in Phenol unlöslichen Mucoid der Cornea hat WOODIN 1952 und 1953 eine salzartige Bindung zwischen Estersulfat und Arginin angenommen. Der Eiweißteil des Mucoids rührt nicht von Kollagen her. Der Polysaccharidteil, der 60% der Trockensubstanz des Mucoids ausmacht, enthält Estersulfat, Galaktose und Hexosamin. Durch Behandlung mit Alkali wird der Komplex dissoziiert und die Molekülgröße ab p_H 12 von

220000 auf 110000 erniedrigt. In einer 5mol. Harnstofflösung verringert sich das Molekulargewicht weiter bis zu 80000.

Auch in dem Chondromucoid ist die Chondroitinschwefelsäure in irgendeiner Weise gebunden. Man kann nach SHATTON und SCHUBERT (1954) etwa ein Drittel der Chondroitinschwefelsäure des Knorpels als ein in Wasser leichtlösliches Mucoid extrahieren, das zu 60% aus Chondroitinschwefelsäure besteht. Die Hauptmenge des im Knorpel zurückgebliebenen Restes kann man dann mit 30% KCl-Lösung, die 1% K_2CO_3 enthält, extrahieren. Reine Chondroitinschwefelsäure zu erhalten, ist schwierig, und EINBINDER und SCHUBERT mußten in ihren Versuchen (1951), um ein kristallinisches Calciumsalz zu erhalten, das Material sogar 16mal mit Kaolin behandeln, um das verunreinigende Mucoid zu entfernen.

Die Frage nach der Bindung des Kohlenhydratteiles in den neutralen Glykoproteiden ist als chemisches Problem sehr interessant. Wenn man mit glykosidischen Bindungen zwischen Zuckern und Aminosäuren rechnet, wozu man nach dem Befund von MASAMUNE (1956) berechtigt zu sein scheint, schließt man in das Proteinmolekül einen Bestandteil ganz anderer Natur ein. Bei der Reinigung der Proteine durch Umkristallisation sieht man gewöhnlich, wie die letzten Spuren von Polysacchariden entfernt werden können. Das ist z. B. der Fall gewesen bei Hämoglobin, Serumalbumin, Insulin, Pepsin, Trypsin, Carboxypolypeptidase, BENCE-JONES-Eiweiß und Lysozym sowie auch bei den Pflanzenproteinen Edestin, Urease und Papain. Die neutralen Polysaccharide sind jedoch an einige Proteine sehr fest gebunden. Auch nach 8—10maligem Umkristallisieren enthält z. B. das Ovalbumin immer noch 1,8% Kohlenhydrate (NEUBERGER 1938). Bei der Kataphorese mit so extremen Pufferwerten wie 3,6 und 13,2 wandert das Polysaccharid quantitativ mit dem Protein (JORPES und THANING 1941). Die gleiche Beobachtung machte ich 1941 zusammen mit EDMAN bei der hochgradig gereinigten β-Glykosidase, dem Emulsin, das 5—6% Zucker enthält.

In dieser Hinsicht sind die Plasmaproteine von ganz besonderem Interesse, weil sie alle mit Ausnahme des Serumalbumins, das man kristallinisch kohlenhydratfrei erhalten kann, einen Kohlenhydratkomplex enthalten, der sogar in den α-Globulinen mehr als 10% des Gesamtgewichts ausmacht.

Bis vor kurzem hat man von einem kohlenhydratfreien und einem kohlenhydrathaltigen Serumalbumin gesprochen. In seiner Zusammenstellung von 1955 findet SCHULTZE jedoch, daß mit den Fortschritten in der Präparation reineren Albumins keine Anhaltspunkte mehr vorhanden sind für die Existenz der früher angenommenen kohlenhydratreichen Albumine. In dem nicht kohlenhydratfreien Albumin ist es ihm stets gelungen, eine Beimengung von kohlenhydratreichen α-Globulinen nachzuweisen, die man elektrophoretisch nicht entfernen kann.

Es ist die Frage, ob die anderen Plasmaproteine und vielleicht auch die Proteine des Bindegewebes in dieser Weise nur mit kohlenhydratreichen Mucoproteiden verunreinigt sind. Solche kohlenhydratreiche Mucoproteide sind aus Plasma isoliert und sogar kristallinisch erhalten worden.

Die Glykoproteide des Blutplasmas

Trotz der ausführlichen Arbeiten von COHN u. Mitarb. über die Fraktionierung der Plasmaproteine sind unsere Kenntnisse in bezug auf die kohlenhydrathaltigen Proteine noch sehr mangelhaft. Bisher sind β_1-metallbindendes Globulin (KOECHLIN 1952), Coeruloplasmin (HOLMBERG und LAURELL 1948), α_2-Glykoprotein (SURGENOR u. Mitarb. 1949), α_1- und α_2-Glykoproteine (SCHMID 1953), Prothrombin (LAKI, SEEGERS u. Mitarb. 1954), Fibrinogen (SZÁRA und BAGDY 1953) und Albumin (COHN u. Mitarb. 1947) in relativ reinem Zustande isoliert und auf ihren Kohlenhydratgehalt untersucht worden (s. Tab. 2). Die Tabelle ist der Arbeit von SCHULTZE (1955) entnommen.

Der Kohlenhydratgehalt des Gesamtplasmas von etwa 1,16% auf Protein berechnet (SURGENOR u. Mitarb. 1949) ist in den α_1- und α_2-Globulinfraktionen konzentriert. Von diesen Proteinen hat sich nur das saure α_1-Glykoproteid aus menschlichem Plasma als ein kohlenhydratreiches Protein erwiesen. Es ist von WINZLER u. Mitarb. 1950 aus menschlichem Plasma durch Fraktionieren mit Ammoniumsulfat gereinigt und elektrophoretisch einheitlich erhalten worden. Es enthielt 16% Hexose und 12% Hexosamin. Im selben Jahre erhielt SCHMID aus COHNs Fraktion VI nach einem ganz anderen Verfahren ein kristallinisches Glykoproteid mit etwa derselben Zusammensetzung (SCHMID 1950, 1953).

Tabelle 2. *Chemische Untersuchung von Plasmaproteinen*

Proteinkomponente	Stick-stoff[1] %	He-xosen[2] %	Hexos-amin[3] %	Neura-minsäure[4] %
Albumin	16,0	0,05	0,03	—
α_1-niedermol. Säureprotein	10,1	17,0	10,0	10,0
α_1-niedermol. Säureprotein (vom Rind) . .	10,4	11,8	8,3	10,4
α_1-Glykoproteid (3,5)	13,3	6,8	3,6	3,3
α_1-Glykoproteidfraktion (4,8 + 10,0) . . .	12,9	6,0	3,3	4,2
α-Coeruloplasmin.	13,8	4,0	2,7	2,8
α_2-Glykoproteidfraktion (6,0 + 14,2) . . .	13,5	4,2	3,0	3,6
α_2-Glykoproteid (19,4)	13,3	6,7	4,0	3,2
β_1-metallbindendes Globulin.	15,4	1,8	1,3	0,9
γ-Globulinfraktion	16,0	1,3	0,7	0,3
Fibrinogen (vom Rind)	15,2	0,9	0,7	0,6

ODIN und WERNER analysierten 1952 ein aus menschlichem Plasma nach dem Verfahren von WINZLER u. Mitarb. dargestelltes Glykoproteid und fanden etwa 20% Galaktose-Mannose-Glucosamin und 15% Sialinsäure-Chondrosamin. Der hohe Gehalt an Sialinsäure, 10%, soll den sehr niedrigen isoelektrischen Punkt des Glykoproteids, 1,8, bedingen.

1,6% der gesamten Plasmaproteine sind saure α_1-Glykoproteide. Sie kommen in einer leichtlöslichen Fraktion der Plasmafraktionierung vor, zusammen mit anderen sauren Glykoproteiden, den α_2-Globulinen, die etwa 0,4% der gesamten Plasmaproteine ausmachen und wahrscheinlich in mindestens 3 Fraktionen getrennt werden können (SCHMID 1955). Etwa 6% Hexose und 4% Hexosamin konnten in der α_2-Glykoproteidfraktion nachgewiesen werden (SCHMID 1945).

Eine weitere kohlenhydratreiche Proteinfraktion des Plasmas wurde in COHNs Fraktion IV—6, einer Unterfraktion der Fraktion IV—4, gefunden. Die α_2-Glyko- oder α_2-Mucoproteide dieser Fraktion entsprechen etwa 1,7% der gesamten Plasmaproteine (SURGENOR und ELLIS 1954). Die Fraktion war angeblich zu 82% rein. Bei weiterer Fraktionierung zum Studium der Cholinesteraseaktivität erhielt man jedoch eine Fraktion, die 11%

---

[1] Nach KJELDAHL.

[2] SÖRENSEN, M., u. G. HAUGAARD: Biochem. Z. **260**, 247 (1933); bezogen auf Galakto-Mannosid 1:1.

[3] ELSON, A., u. W. T. J. MORGAN: Biochemic. J. **27**, 1824 (1933).

[4] BÖHM, P., ST. DAUBER u. L. BAIMEISTER: Klin. Wschr. **1954**, 289.

Hexose enthielt. Während des Reinigungsprozesses stieg der Hexosegehalt gleichzeitig mit dem Zunehmen der Cholinesteraseaktivität. Vielleicht handelt es sich hierbei um das gleiche Glykoproteid mit hoher Cholinesteraseaktivität, das von STACEY u. Mitarb. (BADER u. Mitarb. 1944) kristallisiert wurde.

Aus COHNs Fraktion III—0 konnte ein kristallinisches Glykoproteid dargestellt werden (BAKER u. Mitarb. 1954), das wahrscheinlich als lipoidarmes Euglobulin zu betrachten ist. Auf Grund seines hohen Molekulargewichtes kann es vielleicht in die α_2-Glykoproteidfraktion in SCHULTZEs Tabelle eingeordnet werden. Die Befunde beim Ultrazentrifugieren und der Elektrophorese deuteten darauf hin, daß das Präparat beinahe zu 90% rein ist. Es enthält 5% Hexose und 4% Hexosamin.

Das β_1-metallbindende Globulin ist eine gut definierte Substanz, die 1952 von KOECHLIN kristallisiert wurde und etwa 2% Kohlenhydrate enthält.

Enterokinase

Als ein Beispiel für polysaccharidreiche Glykoproteide möchte ich die Enterokinase nennen, die auch sonst biologisch sehr interessant ist. Elektrophoretisch beinahe einheitliche Präparate, die von YAMASHINA (1956) in unserem Laboratorium aus Duodenalinhalt von Schweinen dargestellt wurden, enthalten mehr als 30% Kohlenhydrate, 10% Glucosamin, 8% Galaktose, 3% Mannose, etwa die gleiche Menge Fucose und Galaktosamin. Die Enterokinase wirkt wie ein Zündhütchen. Sie aktiviert einen Teil des Trypsinogens, wonach das gebildete Trypsin teils autokatalytisch auf die übrige Menge des Trypsinogens aktivierend wirkt und teils das Chymotrypsinogen aktiviert. Die Enterokinase spaltet ein Valylpeptid vom Trypsinogen ab, ist aber selbst ganz resistent gegen proteolytische Enzyme. Vielleicht übt der Polysaccharidteil eine Schutzwirkung aus.

Die Chemie und Pathologie der Hyaluronsäure

Die Chemie und Pathologie der Hyaluronsäure sind in der letzten Zeit so ausführlich behandelt worden, daß ich nur auf diese neueren Arbeiten hinweisen will. Ihre Chemie ist von MEYER in der Monographie von ASBOE-HANSEN und von JEANLOZ (1956) bei dem Internationalen Kongreß für Biochemie in Brüssel im

Jahre 1955 diskutiert worden. MEYER und GIBIAN haben 1952 bzw. 1954 die animalen und bakteriellen Hyaluronidasen behandelt. Besonders diese letzte Arbeit von GIBIAN mit ihren 1300 Literaturangaben läßt kaum etwas zu wünschen übrig.

Die Struktur der Hyaluronsäure und der Chondroitinschwefelsäure

In seiner Zusammenstellung betont JEANLOZ (1956), daß die Versuche, die Struktur der Hyaluronsäure und der Chondroitinschwefelsäure durch Perjodsäureoxydation aufzuklären, erfolglos geblieben sind. Dasselbe gilt für die Methylierungsversuche, hauptsächlich weil, wie JEANLOZ nachgewiesen hat, keine einfachen Monosaccharide bei der nachfolgenden Hydrolyse entstehen.

Die starke glucosidische Bindung in den Disacchariden, aus denen die zwei Polysaccharide aufgebaut sind, hat inzwischen sowohl die Darstellung der Hyalobiuronsäure als auch des Chondrosins erlaubt.

Hyalobiuronsäure

1954 berichteten WEISSMANN und MEYER über die Struktur der Hyalobiuronsäure, die Disaccharideinheit der Hyaluronsäure. Das Disaccharid war sowohl durch saure Hydrolyse als auch nach Verdauung mit Hyaluronidase erhalten worden (s. WEISSMANN und MEYER 1954).

Der Methylester (IV) wurde mit Quecksilberoxyd zu der entsprechenden Glucosaminsäure (V) oxydiert, die Carboxylgruppe der Glucuronsäure mit Borhydrid reduziert und danach der Glucosaminsäureteil (VI) mit Ninhydrin in eine Pentose umgewandelt. Dasselbe Disaccharid, Glucosidoarabinose (VII), konnte aus Laminaribiose, 3-β-D-Glucopyranosyl-D-Glucose (VIII) durch Abbau nach WOHL erhalten werden. Die Hyaluronsäure ist folglich ein Polymer von 3-O-(β-D-Glucopyranosyluronsäure)-2-Acetamino-2-Desoxy-Glucose. Die glucosaminidische Bindung soll zu C_3 der Glucuronsäure gehen.

Chondrosin

Der kristallinische Methylester des Hydrochlorids von Chondrosin ist von LEVENE (1941), WOLFROM u. Mitarb. (1952), MASAMUNE (1951) und von MEYER und DAVIDSON (1954) dargestellt worden.

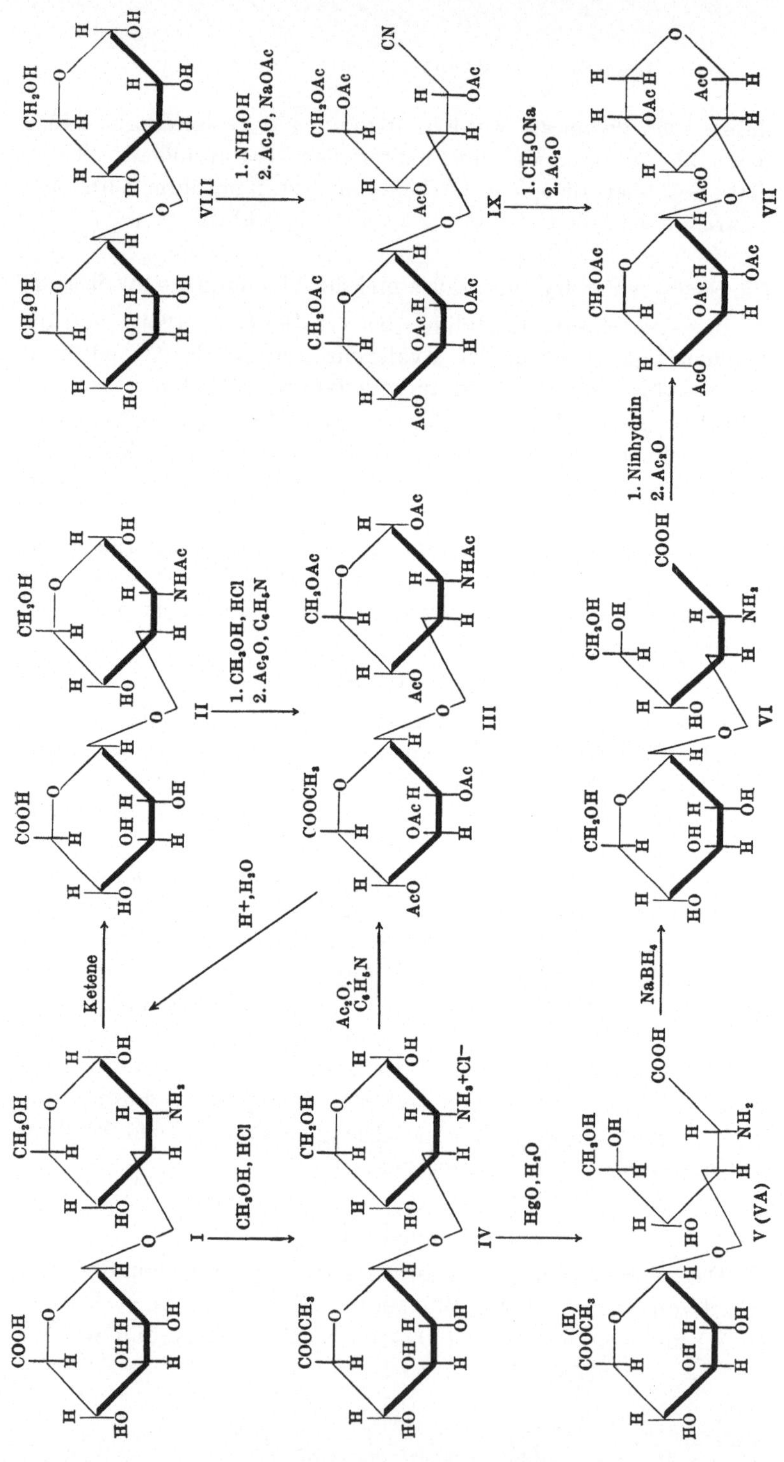

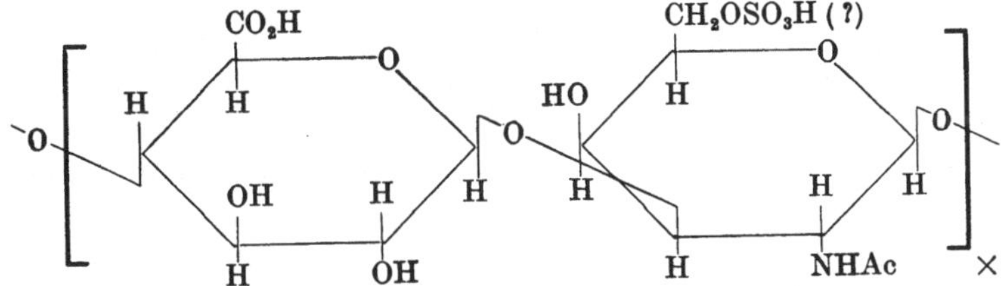

Die Disaccharideinheit der Chondroitinschwefelsäure

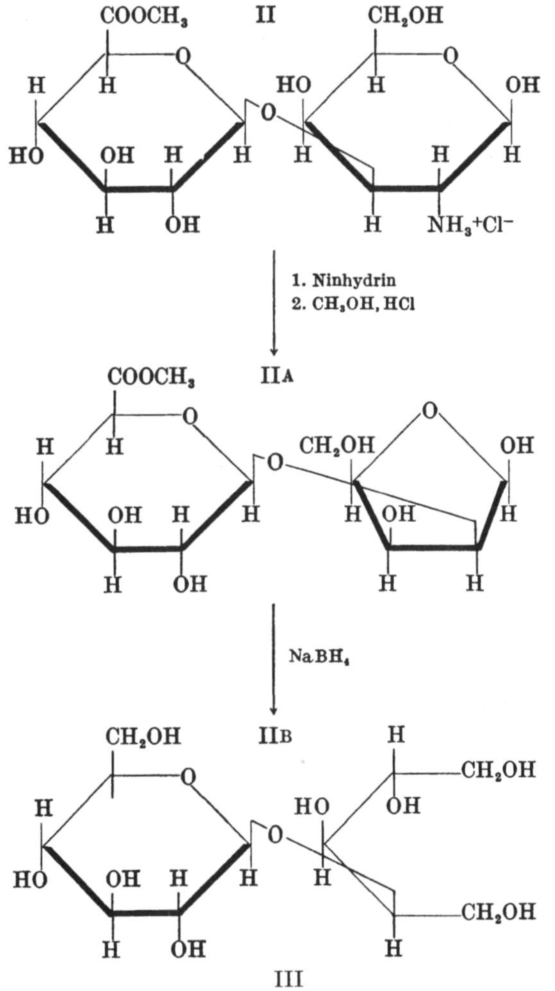

Die zwei ersten Autoren rechneten mit einer Chondrosaminido-glucuronsäure, Masamune dagegen mit einem Glucuronido-chondrosamin, eine Struktur, die Meyer bestätigen konnte.

Die galaktosaminidische Bindung soll nach Meyer zu C_4 der Glucuronsäure gehen.

Meyer reduzierte den Methylester des Hydrochlorids mit Natriumborhydrid zu Glucopyranosyl-2-aminodulcit. Daraus wurde durch Emulsin Glucose abgespalten, wodurch sogar die β-glucosidische Bindung der Glucuronsäure bewiesen ist, die man auch aus der Linksdrehung der Chondroitinschwefelsäure voraussetzen konnte. In einer späteren Arbeit haben Meyer und Davidson 1955 das Disaccharid mit Ninhydrin behandelt und nach Reduktion mit Borhydrid 2-(β-Glucopyranosyl)-D-Lyxit (III) erhalten.

Eine eigenartige Reaktion in der Zuckerchemie wurde von Linker und Meyer 1954 beschrieben. Unter der Einwirkung von Hyaluronidase aus Bakterien entstehen sowohl aus Hyaluronsäure als auch aus Chondroitinschwefelsäure ungesättigte Disaccharide.

$$
\begin{array}{ll}
\begin{array}{l}
\text{H—C}\!\!\longrightarrow \\
\text{H—C—OH} \\
\text{HO—C—H} \quad \text{O} \\
\text{H—C} \\
\quad\text{C} \\
\text{COOH}
\end{array}
&
\begin{array}{l}
\quad\quad\;\text{OH} \\
\text{H—C}\!\!\longrightarrow \\
\text{H—C—NHAc} \\
\text{O}\!\!\longrightarrow\!\!\text{C—H} \quad \text{O} \\
\text{H—C—OH} \\
\text{H—C} \\
\text{CH}_2\text{OH}
\end{array}
\end{array}
$$

Wahrscheinlich wird bei der Aufspaltung der hexosaminidischen Bindung aus dem Uronsäureteil gleichzeitig Wasser entfernt, wodurch dieser Teil des Disaccharids 4—5 ungesättigt wird.

Keratoschwefelsäure

In den letzten Jahren ist ein neues Mitglied der Gruppe der sauren Mucopolysaccharide entdeckt worden. 1953 stellten Karl Meyer u. Mitarb. fest, daß die Cornea außer Chondroitinschwefelsäure in etwa derselben Menge ein Polysaccharid enthält, von ihnen Keratosulfat genannt, das aus acetyliertem Glucosamin, Galaktose und Sulfat in äquimolekularen Mengen aufgebaut ist. Eine ähnliche Beobachtung hatten MASAMUNE u. Mitarb. in den Jahren 1938, 1949 und 1951 gemacht (MASAMUNE 1956). Beim Aufarbeiten des MÖRNERschen Chondromucoids fanden sie nebst Chondroitinschwefelsäure ein „Glucidamin", das Acetylglucosamin, Galaktose und Schwefelsäure in den Proportionen 2:2:1 enthielt. Auch WOODIN hatte 1952 außer Schwefelsäure und Galaktosamin Galaktose und Glucosamin in dem Polysaccharid der Cornea gefunden. WOODIN fand in der Trockensubstanz der Cornea 0,26% estergebundenen Schwefel, was einem Mucopolysaccharidgehalt von 4,2% entspricht. Wir haben in unserem Laboratorium genau dieselbe Menge, 0,264% S, eine entsprechende Menge Hexosamin, etwa 0,6% Galaktosamin und 0,8% Glucosamin gefunden. MEYER und CHAFFEE hielten es im Jahre 1940 für wahrscheinlich, daß in der Cornea eine Hyaluronschwefelsäure vorkommt. Die analytischen Befunde ließen WOODIN (1952) an deren Existenz zweifeln.

Das neue Polysaccharid, die Keratoschwefelsäure, ist wahrscheinlich im Tierkörper weit verbreitet. Jedenfalls enthält das an Mucopolysacchariden reichste Organ, der Nucleus pulposus, beinahe ebensoviel Keratosulfat wie Chondroitinschwefelsäure.

In unserem Laboratorium hat GARDELL in den letzten Jahren den Nucleus pulposus analysiert (GARDELL 1954, 1956). Der Gehalt an Trockensubstanz ist beim Menschen und einigen Tieren 20%, beim Schwein etwa 12%. Die Trockensubstanz besteht zu 60% aus einem Polysaccharid (Tab. 3), das durch fraktionierte Elution

Tabelle 3. *Zwei Präparate von dem unfraktionierten Polysaccharid aus Nucleus pulposus*

	I %	II %
Feuchtigkeit	12,8	8,1
Asche	22,8	22,4
N (Mikro-Kjeldahl)	3,2	3,3
S in Estersulfat	4,9	5,9
Uronsäure	15,7	20,1
Glucosamin—HCl	10,6	12,8
Galaktosamin—HCl	17,8	17,7
Galaktose	8,0	12,7
Fucose	—	2,1

mit Alkohol aus einer Cellulosekolonne in etwa gleiche Mengen von Chondroitinschwefelsäure und Keratosulfat aufgeteilt werden kann (Tab. 4).

Tabelle 4. *Durch fraktionierte Elution aufgeteiltes Polysaccharid aus Nucleus pulposus. In der ersten Fraktion liegt Keratosulfat vor, in der zweiten Chondroitinschwefelsäure*

	Fraktion I Mit 35% Äthanol ausgelaugt	Fraktion II Mit Barium-acetatlösung ausgelaugt
Gewicht	1,33 g	2,14 g
Asche	24,3%	31,9%
N	2,60%	2,00%
S in Estersulfat	5,45%	4,83%
Glucosamin—HCl	21,1%	0,3%
Galaktosamin—HCl	0,3%	22,8%
Galaktose.	16,8%	—
Fucose	2,3%	—

Das β-Heparin

Marbet und Winterstein isolierten 1951 aus Lungen ein Polysaccharid mit derselben Zusammensetzung wie die Chondroitinschwefelsäure, aber mit einer stärkeren Linksdrehung $[\alpha]_D^{20} = -60°$, und einer schwachen anticoagulierenden Wirkung. In unserem Laboratorium hat Yamashina 1954 alle Behauptungen von Marbet und Winterstein bestätigen können. Die Verbindung ist ebenso leicht mit Säure hydrolysierbar wie die Chondroitinschwefelsäure und unterscheidet sich auch in dieser Hinsicht von der Heparinmonoschwefelsäure.

Heparinmonoschwefelsäure

Die Heparinmonoschwefelsäure (Jorpes und Gardell 1948) ähnelt dem Heparin sowohl in seiner Zusammensetzung und in der optischen Drehung als auch durch die Resistenz bei der sauren Hydrolyse. Sie kann folglich keine Hyaluronschwefelsäure sein. Hochverestertes Heparin kommt in den Präparaten nicht vor. Die Substanz ist nicht als einheitlich betrachtet worden. Es könnte sich um Vorstufen oder Spaltprodukte des Heparins handeln.

Die Substanz gibt im Gegensatz zum Heparin eine positive Schiff-Reaktion nach Perjodsäurebehandlung, was zur Folge hat, daß die Mastzellen von Ehrlich sich gut nach MacManus und Hotchkiss färben lassen.

Die Behauptung von Asboe-Hansen, daß die Mastzellen des Bindegewebes neben Heparin und dessen Vorstufen auch Hyaluronsäure produzieren sollen, ist unserer Meinung nach ganz unbegründet.

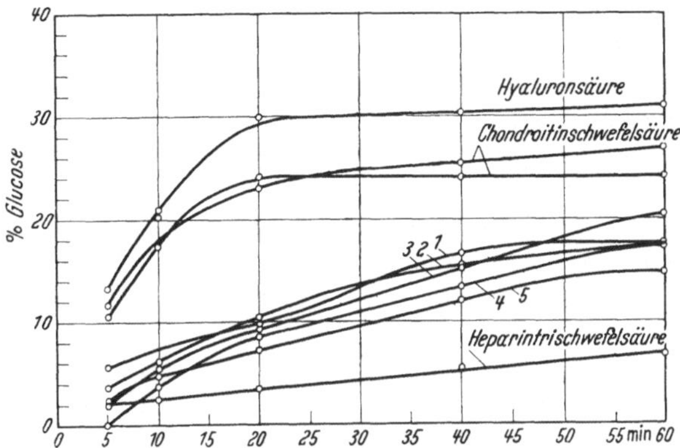

Abb. 2. Reduzierende Substanz, berechnet als Glucose in Prozent der organischen Substanz, die bei der Hydrolyse in 7,5 Vol.-% Schwefelsäure freigesetzt wird

Die Sialinsäure bzw. Neuraminsäure

Im Jahre 1936 beobachtete G. Blix, daß das Submaxillarismucin im Gegensatz zu dem acetylierten Glucosamin auch ohne Vorbehandlung mit Alkali beim Kochen mit Ehrlichs Aldehydreagens eine positive Reaktion gibt. Die Reaktion wurde offenbar bedingt durch eine Substanz, die er bei dieser Gelegenheit aus dem Submaxillarismucin kristallinisch erhielt. Sie schien aus N-acetyliertem Hexosamin und einer Polyhydroxysäure aufgebaut zu sein und wurde später (Blix u. Mitarb. 1952) Sialinsäure genannt. Die Säure zeigte bei der Hydrolyse eine starke Neigung zur Huminbildung. Der Ausfall der Ehrlichschen Reaktion und die rotviolette Färbung der Bialschen Orcinreaktion berechtigten Blix 1938 zur Annahme, daß dieselbe Substanz in der Protagonfraktion des Rindergehirns vorkommt.

Bei der Lipoidanalyse menschlichen Gehirns von einem Falle von Niemann-Pickscher Krankheit hatte Klenk schon 1935 eine Fraktion isoliert, die Rotfärbung bei der Orcinreaktion gab

und leicht Neigung zur Huminbildung zeigte. 1939 machte er
eine ähnliche Beobachtung in einem Fall von amaurotischer
Idiotie (Typ TAY-SACHS) und konnte 1941 auch aus normalem
Gehirn eine ähnliche Fraktion isolieren, die einen hohen Gehalt
einer unbekannten stickstoffhaltigen organischen Säure hatte.
Nach Abspaltung der sog. Neuraminsäure aus der Lipoidfraktion
mit methylalkoholischer Salzsäure erhielt er eine kristallinische
Verbindung mit der wahrscheinlichen Zusammensetzung $C_{11}H_{21}NO_9$.
Trotz des positiven Ausfalls der Reaktion mit dem EHRLICHschen
Reagens und dem Vorkommen des Stickstoffs in einer Aminogruppe
ließ sich eine Aminohexose in der Substanz nicht nachweisen.

Im folgenden Jahre, 1942, gab KLENK eine Methode an, die
diesbezügliche Fraktion der Lipoide der Ganglienzellen, die er
Ganglioside nannte, darzustellen. Die Ganglioside enthielten
etwa 20% Neuraminsäure. Die Rotfärbung der BIALschen Orcinreaktion, die direkte EHRLICHsche Aldehydreaktion und die
Neigung zur Huminbildung bei der sauren Hydrolyse wurden
wiederholt berührt. KLENK und FAILLARD erhielten 1954 bis zu
0,5% kristallinische N-acetylneuraminsäure aus dem Submaxillarismucin. Die nahe Verwandtschaft mit der Sialinsäure von BLIX
wurde hervorgehoben.

Die Sialinsäure bzw. die Neuraminsäure ist in den letzten
Jahren in den Vordergrund der Diskussion getreten. Ihre un-
gewöhnlichen Eigenschaften, die noch unaufgeklärte Struktur,
ihre weite Verbreitung und ihr reichliches Vorkommen in einigen
Organen haben dazu beigetragen. Nach BLIX und WERNER
kommt sie zu 12—20% in dem Submaxillarismucin verschiedener
Tiere vor, in einigen Blutplasmaproteinen zu 5—10% und in
Gangliosiden aus Gehirn, Milz und Erythrocyten zu 24%. Bezüg-
lich der Technik der quantitativen Analyse möchte ich auf die
Arbeit von WERNER und ODIN (1952) hinweisen.

Eine kristallinische Verbindung, die sich später (BLIX und
WERNER 1956) als identisch mit der menschlichen Sialinsäure
erwies, Gynaminsäure, wurde von GYÖRGY u. Mitarb. 1955 aus
Frauenmilch dargestellt. Sie war als ein Zuwachsfaktor für
Lactobacillus bifidus bekannt. KUHN und BROSSMER isolierten
1954 aus der prosthetischen Gruppe des Mucoproteids des Kuh-
Colostrums eine ähnliche Verbindung, von ihnen Lactaminsäure
genannt.

Tabelle 5. *Gehalt an Sialinsäure in verschiedenen Glykoproteiden nach* WERNER *und* BLIX (1956)

Glykoproteid aus der Submaxillarisdrüse	12—20%
Magen-, Darm- und Trachealschleim	3— 5%
Mucoproteid aus Cervix uteri	10—12%
Mucoproteid aus Harn	7— 9%
Mucoproteid aus Ascites (Cancer)	7%
Mucoproteid aus Ovarialcysten	1—12%
α_2-Globulin	4— 5%
„Seromucoid"	6— 8%
Saures Glykoproteid aus Plasma (MP—1).	10%
Ovomucin	6—10%
Ganglioside aus Gehirn, Milz und Erythrocyten	24%

Neuraminsäure kommt nach KLENK und FAILLARD (1955) in dem Amyloid der amyloiden Degeneration vor. 1954 ist es KLENK und FAILLARD gelungen, nicht weniger als 60% der Neuraminsäure des Submaxillarismucins als kristallinische MeO-Verbindung zu erhalten, und auch eine N-acetylneuraminsäure mit der Zusammensetzung $C_{12}H_{21}O_{10}N$ zu gewinnen, die mit der Lactaminsäure identisch sein kann und in ihren Eigenschaften mit der Sialinsäure von BLIX weitgehend übereinstimmt, obgleich sie nur eine statt zwei Acetylgruppen enthält. Bei der Hydrolyse mit 5%iger methanolischer Salzsäure geht die Acetylverbindung in Methoxyneuraminsäure, $C_{11}H_{21}O_9N$, über.

1951 gaben YAMAKAWA und SUZUKI an, daß sie aus der ätherunlöslichen Lipoidfraktion aus dem Erythrocytenstroma des Pferdes eine kristallinische Verbindung, Hämataminsäure, mit der Zusammensetzung $C_{10}H_{19}O_8N$ isoliert hätten, die mit der Neuraminsäure identisch zu sein schien.

KLENK und WOLTER konnten 1952 diesen Befund bestätigen. Der Gehalt an Neuraminsäure in dem Gangliosid betrug 20%.

Die aus Submaxillarismucin verschiedener Tierarten hergestellte kristallinische Sialinsäure zeigt nach BLIX u. Mitarb. (BLIX, LINDBERG, ODIN, WERNER 1955, BLIX und WERNER 1956) verschiedene Eigenschaften. Auch die elementare Zusammensetzung ist verschieden, so hat z. B. Material aus Rindern die Zusammensetzung $C_{13}H_{23}NO_{11}$, das aus Pferdedrüsen $C_{13}H_{21}NO_{10}$ und das aus Schweinedrüsen $C_{11}H_{19}NO_{10}$. Die zwei ersten enthalten zwei Acetylgruppen, das letzte nur eine. Für die Muttersubstanz der Acetylverbindung und der Methoxyverbindung schlägt BLIX die Zusammensetzung $C_9H_{17}NO_8$ vor, KLENK dagegen $C_{10}H_{19}NO_9$.

Einen wichtigen Beitrag zur Klärung der Struktur der Sialinsäure gab GOTTSCHALK in den letzten Jahren im Anschluß an die Arbeiten der BURNETschen Schule in Melbourne über die Influenzavirus-Hämagglutination. Das Serum-Mucoproteid, Ovomucin, und die Blutgruppensubstanzen A und 0 neutralisierten das aktive Influenzavirus offenbar durch den Gehalt eines Haptens, nahe verwandt mit demjenigen der Erythrocyten. TAMM und HORSFALL fanden 1950, daß das Harnmucoid besonders viel von dem Antigen enthält. GOTTSCHALK versuchte in den Jahren 1949, 1951 und 1952 die durch aktives Influenzavirus aus Ovomucin bzw. aus Harnmucoid abgespaltene prosthetische Gruppe zu analysieren. Er fand 1952 eine reduzierende, stickstoffhaltige Verbindung, deren Farbreaktionen, wie ODIN in BLIX' Laboratorium (ODIN 1952) hervorhob, mit denjenigen der Sialinsäure übereinstimmten. ODIN hatte etwa 9 % Sialinsäure in dem nach TAMM und HORSFALL dargestellten Harnmucoid gefunden.

1953 identifizierte GOTTSCHALK eine Verbindung, die bei der Behandlung mit einer schwachen Alkalilösung aus Submaxillarismucin abgespalten wird, als 2-Carboxypyrrol (GOTTSCHALK 1953, 1954). Dieselbe Verbindung erhielt er 1955 aus dem menschlichen Harnmucoid sowie auch aus dem durch Behandlung mit Virusenzym davon abgespaltenen Polysaccharid. Das Carboxypyrrol war in dem Mucoid nicht präformiert, trat aber bei 20 min langem Kochen mit 0,1 N Natriumbicarbonatlösung auf. Später, 1955, hat GOTTSCHALK ein Schema für den strukturellen Zusammenhang zwischen Sialinsäure bzw. Neuraminsäure und 2-Carboxypyrrol aufgestellt.

Zwischen einer aldehydischen 2-Aminohexose und Brenztraubensäure soll eine Aldolkondensation vorliegen. Die Umwandlung in einen Pyrrolring ist naheliegend.

Vor einigen Monaten haben KLENK, FAILLARD, WEYGAND und SCHÖNE eine sehr ausführliche Arbeit über die Analyse der Neuraminsäure publiziert. Sie sind mit GOTTSCHALK nicht einig und finden es zu früh, bestimmte Schlüsse bezüglich der Struktur zu ziehen. BLIX ist auch in dieser Hinsicht sehr vorsichtig gewesen. Die labile und rätselhafte Natur der Verbindung, die Zahl

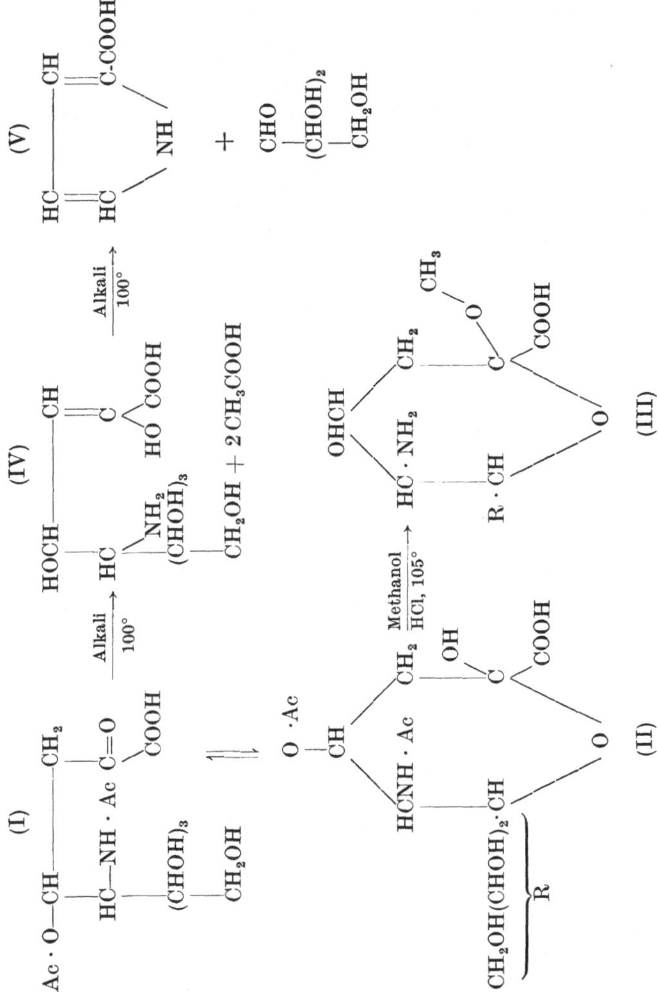

der Autoren und die Anzahl von Namen, Neuraminsäure, Sialinsäure, Gynaminsäure, Hämataminsäure und Lactaminsäure,
lassen vermuten, daß wir hier einen ebenso langen und schönen
Kampf erleben werden, wie den im alten Griechenland, als die
sieben Städte Smyrna, Rhodos, Kolophon usw. um die Ehre
wetteiferten, die Heimatstadt des Homeros zu sein.

Der Umsatz einiger Mucopolysaccharide

Mit radioaktiven Isotopen ist in den letzten Jahren die Umsatz-geschwindigkeit der Chondroitinschwefelsäure und der Hyaluron-säure bestimmt worden. Bezüglich der Entwicklung dieser Frage verweisen wir auf eine Zusammenstellung von Boström und Jorpes (1954), auf eine von Dorfman: "Metabolism of the mucopolysaccharides of connective tissue" aus dem Jahre 1955,

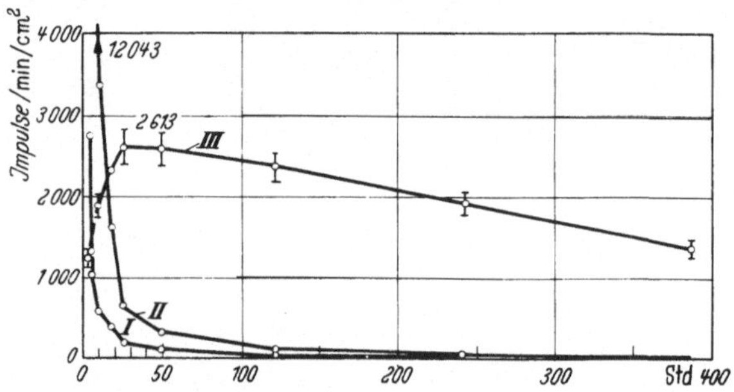

Abb. 3. Sulfataustausch der Chondroitinschwefelsäure in der Haut. Der Einbau von ³⁵S im Knorpel von erwachsenen Ratten. Kurve I: Gesamtschwefel im Blut. Kurve II: Freie Sulfate in den costalen Muskeln. Kurve III: Chondroitinschwefelsäure im Knorpel. Die Variationsbreite der Bestimmungen ist auf Kurve III eingezeichnet

wo die recht umfangreiche Literatur auf diesem Gebiete zu finden ist, sowie auf die neue Übersicht über die Physiologie des Bindegewebes von Dorfman und Mathews (1956).

Die Halbwertzeit der Sulfatgruppe der Chondroitinschwefel-säure ist im Knorpel der Ratte nach den Befunden von Boström u. Mitarb. 16 Tage und im Unterhautgewebe 8—9 Tage.

Mit etwa gleicher Geschwindigkeit erfolgt die Umsetzung der Acetylgruppe, und es ist sehr wahrscheinlich, daß dasselbe auch für das ganze Molekül gilt (Schiller, Dorfman u. Mitarb. 1955, 1956). Dorfman hat die Umsatzgeschwindigkeit der Hyaluron-säure des Unterhautgewebes mit C^{14} bestimmt und gefunden, daß diese etwa dreimal größer ist als die der Chondroitinschwefelsäure des gleichen Gewebes.

Radioaktives Sulfat wird auch innerhalb von 5 Tagen in das Heparin der Mastzellen von jungen Ratten eingebaut. Mit der autoradiographischen Technik haben Odeblad und Boström den Einbau von Sulfat in die Polysaccharide in Gewebsschnitten aus

verschiedenen Organen studiert. Eine von ODEBLAD (1952) entwickelte Technik erlaubt es, dem quantitativen Verlauf in den
histologischen Gewebsschnitten mit der gleichen Genauigkeit zu
folgen, wie dies bei der Isolierung der Chondroitinschwefelsäure
aus den Gewebestückchen zu bestimmten Zeiten möglich ist.

BOSTRÖM entwickelte eine Technik, mit welcher der Umsatz
der Sulfatgruppe in vitro in Schnitten von frischem Kalbsknorpel
studiert werden kann. Mit dieser Methode ist es ihm und seinen

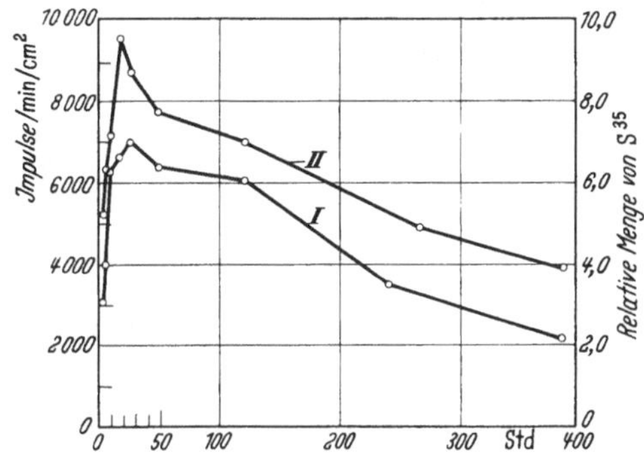

Abb. 4. Sulfataustausch der Haut. Die Aufnahme und Ausscheidung von ^{35}S in der Haut
von erwachsenen Ratten nach einer einzigen Injektion von mit ^{35}S markiertem Sulfat.
Kurve I: Die Radioaktivität der Sulfatgruppe der isolierten Chondroitinschwefelsäure.
Kurve II: Die durch quantitative Autoradiographie nach ODEBLAD bestimmte
Radioaktivität im Corium

Mitarbeitern gelungen, einen stimulierenden Einfluß von Glutamin
auf den Einbau von Sulfat nachzuweisen (BOSTRÖM u. Mitarb.
1955).

Es war bereits früher von LOWTHER und ROGERS (1953) und
von LELOIR und CARDINI (1953) gezeigt worden, daß bei
Mikroorganismen das Glutamin als Stickstoffquelle bei der
Synthese von Glucosamin dient. Offenbar spielt Glutamin auch
in dieser Hinsicht eine bedeutende Rolle in dem intermediären
Gewebsstoffwechsel der Tiere.

Da die Elemente des eigentlichen Stützgewebes, die kollagenen
und elastischen Fibrillen, einen sehr langsamen Umsatz zeigen
(NEUBERGER u. Mitarb. 1954), ist es klar, daß die Chondroitin-
schwefelsäure und die Hyaluronsäure ihr eigenes Leben im Bindegewebe führen und jedenfalls nicht nur als tote Kittsubstanzen zu
betrachten sind.

Literatur

BADER, R., F. SCHÜTZ and M. STACEY: Nature (London) **154**, 183 (1944).

BAKER, W. H., A. PETERKOFSKI and D. L. KAUFFMAN: J. Amer. Chem. Soc. **76**, 4244 (1954).

BANGA, J., u. J. BALÓ: Acta physiol. Acad. Sci. Hung. **6**, 235 (1954).

BLIX, G.: Z. physiol. Chem. **240**, 43 (1936).

BLIX, G.: Skand. Arch. Physiol. **80**, 46 (1938).

BLIX, G.: Lehrbuch der Physiologischen Chemie v. FLASCHENTRÄGER u. LEHNARTZ, Die Stoffe, S. 751, 1951.

BLIX, G., E. LINDBERG, L. ODIN and I. WERNER: Nature (London) **175**, 340 (1955).

BLIX, G., u. O. SNELLMAN: Ark. Kemi A **19**, 32 (1945).

BLIX, G., L. SVENNERHOLM u. I. WERNER: Acta chem. scand. (Copenh.) **6**, 358 (1952).

BLIX, G., et I. WERNER: Bull. Soc. Chim. Belg. **65**, 202 (1956).

BOSTRÖM, H., u. E. JORPES: Experientia (Basel) **10**, 392 (1954).

BOSTRÖM, H., and E. ODEBLAD: Anat. Rec. **115**, 505 (1953).

BOSTRÖM, H., L. RODÉN and A. VESTERMARK: Nature (London) **176**, 601 (1955).

BOWES, J. H., and R. H. KENTEN: Biochemic. J. **43**, 358 (1948).

CARDINI, C. E., and L. F. LELOIR: Biochim. et Biophysica Acta **12**, 15 (1953).

COHN, E. T., W. L. HUGHES and T. H. WEARE: J. Amer. Chem. Soc. **69**, 1753 (1947).

CONSDEN, R.: Disc. Faraday Soc. **13**, 286 (1953).

CONSDEN, R., L. E. GLYNN and W. M. STANIER: Biochemic. J. **55**, 248 (1953).

DORFMAN, A.: Pharmacol. Rev. **7**, 1 (1955).

DORFMAN, A., and M. B. MATHEWS: Annual Rev. Physiol. **18**, 69 (1956).

EINBINDER, J., and M. SCHUBERT: J. of Biol. Chem. **185**, 725 (1950); **191**, 591 (1951).

GARDELL, S.: Acta chem. scand. (Copenh.) (1956) (im Druck).

GARDELL, S., u. S. RASTGELDI: Acta chem. scand. (Copenh.) **8**, 362 (1954).

GIBIAN, H.: Erg. Enzymforsch. **13**, 1 (1954).

GLEGG, R. E., and D. EIDINGER: Arch. of Biochem. a. Biophysics **55**, 19 (1955).

GLEGG, R. E., D. EIDINGER and C. P. LEBLOND: Science (Lancaster, Pa.) **120**, 839 (1954).

GORTER, E., and L. NANNINGA: Disc. Faraday Soc. **13**, 205 (1953).

GOTTSCHALK, A.: Nature (London) **167**, 845 (1951); **170**, 662 (1952); **172**, 808 (1953); **174**, 652 (1954); **176**, 881 (1955).

GOTTSCHALK, A.: Biochemic. J. **61**, 298 (1955).

GOTTSCHALK, A., and P. E. LIND: Nature (London) **164**, 232 (1949).

GRASSMANN, W., u. H. SCHLEICH: Biochem. Z. **277**, 320 (1935).

GROSS, J., J. H. HIGHBERGER and F. O. SCHMITT: Proc. Nat. Acad. Sci. **37**, 286 (1951).

GROSS, J., J. H. HIGHBERGER and F. O. SCHMITT: J. of Biol. Chem. **144**, 353 (1952).

GYÖRGY, P., G. A. BRAUN and J. R. E. HOOVER: Arch. of Biochem. a. Biophysics **47**, 216 (1953).

GYÖRGY, P., F. ZILLIKEN and G. A. BRAUN: Arch. of Biochem. a. Biophysics **54**, 564 (1955).

HAMMARSTEN, E.: Biochem. Z. **144**, 383 (1924).

HARKNESS, R. D., A. M. MARKO, H. M. MUIR and A. NEUBERGER: Biochemic. J. **56**, 558 (1953).

HOLMBERG, C. G., u. C. B. LAURELL: Acta chem. scand. (Copenh.) **2**, 550 (1948).

JACKSON, D. S.: Biochemic. J. **54**, 693 (1953); **56**, 699 (1954).

JACKSON, D. S.: In J. T. RANDALL, Nature and structure of collagen. S. 180. London: Butterworth 1953.

JEANLOZ, R. W.: Conf. et Rapports, 3e Congr. internat. de Biochimie. S. 65. Bruxelles 1955. Liège 1956.

JORPES, E., u. P. EDMAN: Acta physiol. scand. (Stockh.) **1**, 41 (1941).

JORPES, E., u. S. GARDELL: J. of Biol. Chem. **176**, 267 (1948).

JORPES, E., u. T. THANING: Acta physiol. scand. (Stockh.) **1**, 389 (1941).

KENT, P. W., and M. W. WHITEHOUSE: Biochemistry of amino sugars. S. 1. London: Butterworth 1955.

KLENK, E.: Z. physiol. Chem. **235**, 24 (1935); **262**, 128 (1939); **268**, 50 (1941); **273**, 76 (1942).

KLENK, E., u. H. FAILLARD: Z. physiol. Chem. **298**, 230 (1954); **299**, 191 (1955).

KLENK, E., H. FAILLARD, F. WEYGAND u. H. H. SCHÖNE: Z. physiol. Chem. **304**, 35 (1956).

KLENK, E., u. K. LAUENSTEIN: Z. physiol. Chem. **291**, 147, 249 (1952).

KLENK, E., u. H. WOLTER: Z. physiol. Chem. **291**, 259 (1952).

KOECHLIN, B. A.: J. Amer. Chem. Soc. **74**, 2649 (1952).

KUHN, R., u. R. BROSSMER: Chem. Ber. **87**, 123 (1954).

LAKI, K., D. R. KOMINZ, P. SYMONDS, L. LORAND and W. H. SEEGERS: Arch. of Biochem. a. Biophysics **49**, 276 (1954).

LEVENE, P. A.: Hexosamines and mucoproteins. London: Longmans, Green & Co. 1925.

LEVENE, P. A.: J. of Biol. Chem. **140**, 267 (1941).

LINKER, A., and K. MEYER: Nature (London) **174**, 1192 (1954).

LINKER, A., B. WEISSMANN and K. MEYER: Federat. Proc. **13**, 253 (1954).

LOWTHER, D. A., and H. J. ROGERS: Biochemic. J. **62**, 304 (1955).

MARBET, R., u. A. WINTERSTEIN: Helvet. chim. Acta **34**, 2311 (1951).

MARBET, R., u. A. WINTERSTEIN: Experientia (Basel) **8**, 41 (1952).

MASAMUNE, H.: Conf. et Rapports, 3e Congr. internat. de Biochimie. Bruxelles 1955. Liège 1956.

MASAMUNE, H., Z. YOSIZAWA and M. MAKI: Tohoku J. Exper. Med. **55**, 47 (1951).

MATHEWS, M. B.: Federat. Proc. **14**, 252 (1955).

MEYER, K.: Cold Spring Harbor Symp. Quant. Biol. **6**, 91 (1938).

MEYER, K.: Adv. in Prot. Chemistry II, S. 249. New York: Acad. Press 1945.

MEYER, K.: Adv. in Enzymology **13**, 199 (1952).

MEYER, K.: In W. H. COLE, Some conjugated proteins. Symposium. S. 64. New Brunswick, N. J.: Rutgers Univ. Press 1953.

MEYER, K.: Disc. Faraday Soc. **13**, 271 (1953).

MEYER, K., and E. CHAFFEE: Amer. J. Ophthalm. **23**, 1320 (1940).

MEYER, K., and E. CHAFFEE: J. of Biol. Chem. **138**, 491 (1941).

MEYER, K., and E. A. DAVIDSON: J. Amer. Chem. Soc. **76**, 5686 (1954); **77**, 4796 (1955).

MEYER, K., A. LINKER, E. A. DAVIDSON and B. WEISSMANN: J. of Biol. Chem. **205**, 611 (1953).

MORRIONE, TH. G.: J. of Exper. Med. **96**, 107 (1952).

MUIR, HELEN: Biochemic. J. **62**, 26 (1956).

NEUBERGER, A.: Biochemic. J. **32**, 1435 (1938).

ODEBLAD, E.: Acta radiol. (Stockh.) Suppl. 93 (1952).

ODIN, L.: Nature (London) **170**, 663 (1953).

ODIN, L., u. I. WERNER: Acta Soc. Med. Uppsal. **57**, 227 (1952).

OGSTON, A. G., and J. E. STANIER: Disc. Faraday Soc. **13**, 275 (1953).

PARTRIDGE, S.: Biochemic. J. **43**, 387 (1948).

PEARCE, R. H., and E. M. WATSON: Amer. J. Clin. Path. **17**, 507 (1947); **19**, 442 (1949).

PEARCE, R. H., and E. M. WATSON: Canad. J. Res. Sect. E **27**, 43 (1949).

RANDALL, J. T.: Nature and structure of collagen. London: Butterworth 1953.

SCHILLER, S., M. B. MATHEWS, J. A. CIFONELLI and A. DORFMAN: J. of Biol. Chem. **218**, 139 (1956).

SCHILLER, S., M. B. MATHEWS, L. GOLDFABER, J. LUDOWIEG and A. DORFMAN: J. of Biol. Chem. **212**, 531 (1955).

SCHMID, K.: Federat. Proc. **13**, 291 (1954).

SCHMID, K.: J. Amer. Chem. Soc. **72**, 2816 (1950); **75**, 60 (1953); **77**, 742 (1955).

SCHULTZE, H. E.: Ärztliche Laboratorium 1, 81 (1955).

SHATTON, J. W., and M. SCHUBERT: J. of Biol. Chem. **211**, 565 (1954).

STACEY, M.: Adv. Carbohydrate Chemistry II, 161 (1946).

STACEY, M.: Disc. Faraday Soc. **13**, 245 (1953).

SURGENOR, D. M., and D. ELLIS: J. Amer. Chem. Soc. **76**, 6049 (1954).

SURGENOR, D. M., L. E. STRONG, H. L. TAYLOR, R. S. GORDON and D. M. GIBSON: J. Amer. Chem. Soc. **71**, 1223 (1949).

SZÁRA, ST., and D. BAGDY: Biochim. et Biophysica Acta **11**, 313 (1953).

TAMM, L., and F. HORSFALL: Proc. Soc. Exper. Biol. a. Med. **74**, 108 (1950).

WEIMER, H. E., J. W. MEHL and R. J. WINZLER: J. of Biol. Chem. **185**, 561 (1950).

WEISSMANN, B., and K. MEYER: J. Amer. Chem. Soc. **76**, 1753 (1954).

WERNER, I., u. L. ODIN: Acta Soc. Med. Uppsal. **57**, 230 (1952).

WINZLER, R. J.: Methods of Biochemical Analysis. New York: Interscience Publishers 1955.

WOLFROM, M. L., R. K. MADISON and M. J. CRON: J. Amer. Chem. Soc. **74**, 1491 (1952).

Woodin, A. M.: Biochemic. J. 51, 319 (1952).
Woodin, A. M.: Disc. Faraday Soc. 13, 281 (1953).
Yamakawa, T., and S. Suzuki: J. Biochem. Japan 38, 199 (1951).
Yamashina, I.: Acta chem. scand. (Copenh.) 8, 1316 (1954).
Yamashina, I.: Ark. Kemi 9, 225 (1956).
Yamashina, I.: Biochim. et Biophysica Acta 1956 (im Druck).

Diskussion

HANSON (Halle/Saale): Zu der Faserbildung aus Prokollagenlösung möchte ich fragen, ob elektrostatische Bindungen auftreten. Nach der Erfahrung der Histologen gehen Silberimprägnation und Metachromasie mit fortschreitender Entwicklung des Bindegewebes zurück. Wäre daraus nicht ein Rückschluß auf die Art der Bindung zu ziehen?

SCHÜTTE (Berlin): Es gibt eine Arbeit von Sobel, der 30%iges Formalin, Phenolwasser und Methanol benutzt und feststellt, daß im Knorpel die Metachromasie zunimmt, während die Calcifizierungsfähigkeit verschwindet. Das ist dann so ausgelegt worden, daß die denaturierenden Einflüsse die Metachromasie ungestört lassen, vielleicht sogar fördern, aber an dem Verhältnis zwischen Kollagen bzw. Protein und Mucopolysaccharid kaum etwas ändern. Das hat mit der Silberimprägnation nichts zu tun. Herr Wassermann hat uns gezeigt, daß sich auch alte Fasern deutlich imprägnieren lassen.

GRASSMANN (Regensburg): Diese Dinge wurden bereits histologisch und elektronenmikroskopisch untersucht, und es ergibt sich ungefähr folgendes Bild: In der jugendlichen Faser sitzen die mit Perjodat bzw. Silber reagierenden Gruppen an der Oberfläche der Faser, und in den reifen Fasern sind sie geordnet in die Dunkelteile der Kollagenfibrillen eingelagert. Es scheint so, als ob die starke Silberfärbung dann eintreten würde, wenn diese Polysaccharidanteile an der Oberfläche sitzen. Aber jede Kollagenfaser, auch die vollkommen reife, nimmt Silber auf, das kann man sehr schön im Elektronenmikroskop sehen. Man muß auch die vielen Arten der Silberfärbung unterscheiden. Die alte Methode ist, soweit ich das beurteilen kann, recht undefiniert. Bei den neueren Ausführungen, bei denen erst mit Perjodat, dann mit Silbernitrat behandelt wird, ist man sicher, alle durch den Perjodatabbau gebildeten Aldehydgruppen mit dem Silber zu erfassen.

LANG (Mainz): Ich möchte Herrn Jorpes fragen, wie es sich mit der Umsatzgeschwindigkeit verhält. Meines Wissens sind alle Versuche bisher mit markierten Sulfaten gemacht worden. Es ist doch durchaus denkbar, daß man bei Anwendung von ^{14}C zu anderen Daten käme, daß also die verschiedenen Gruppen verschieden schnell ausgetauscht werden. Vielleicht wird die Sulfatgruppe besonders leicht ausgetauscht.

JORPES: Dorfman in Chicago hat mit markiertem Kohlenstoff gezeigt, daß die Acetylgruppe ebenso schnell umgesetzt wird wie die Sulfatgruppe. Neuerdings konnte er auch mit Kohlenstoff zeigen, daß der ganze Komplex der Hyaluronsäure etwa dreimal so schnell umgesetzt wird wie die Chondroitinschwefelsäure. Damit ist die Frage an sich geklärt. Wir glauben, daß

die von uns gefundene aktivierende Wirkung des Glutamins auf den Sulfateinbau nicht nur für die Sulfatgruppe gilt, sondern bestimmt auch für die
Acetylgruppe und wahrscheinlich für die ganze Synthese der Chondroitin-
schwefelsäure.

NETTER (Kiel): Wie steht es mit dem Molekulargewicht der verschiedenen Mucopolysaccharide? Ist darüber schon irgend etwas auszusagen, vor
allem über das Molekulargewicht der nativen Substanzen? Und dann würde
mich interessieren, ob über die Molekülform, über die Strömungsdoppel-
brechung oder andere Eigenschaften, z. B. die Relaxationszeit im System,
irgend etwas bekannt ist? Wenn etwas darüber bekannt wäre, könnte man
die Substanzen schon irgendwo systematisch einordnen. Sie haben ja gesagt,
daß es sich bei den sauren Substanzen um salzartige Verbindungen handelt,
und es ist zu vermuten, daß diese Salzbindungen mit den Argininresten des
Eiweißes gebildet werden. Ich denke an Untersuchungen, nach denen die
basischen Aminosäuren an bestimmten Stellen in periodischen Abständen
gehäuft vorkommen und daß dann diese Perioden die Grundlage für die
Anheftung des Zuckers bilden würden. Die Zuckerperiodität wäre dann
sekundär.

JORPES: Ich wäre sehr dankbar, wenn ein anderer über die Molekülgröße
der Polysaccharide sprechen würde. Das Leben ist kurz, und wenn man
etwas erreichen will, muß man zuerst überlegen, was man nicht tun soll.
Will man das Molekulargewicht einer Substanz wissen, so schickt man eine
Probe in SVEDBERGs Laboratorium und läßt dort das Molekulargewicht
bestimmen. Handelt es sich aber um Heparin oder ein ähnliches Polysaccharid, sollte der Einsender etwas denken, denn die Zentrifuge denkt nicht.
Schon ARRHENIUS hat im Jahre 1898 mit seinem Schüler ÖHOLM gezeigt,
daß eine Molekulargewichtsbestimmung durch Diffusion bzw. Zentrifugie-
rung nur dann möglich ist, wenn die Substanz nicht elektrisch geladen ist.
Deshalb zentrifugiert man in der Ultrazentrifuge Proteinkörper beim isoelektrischen Punkt. Sobald elektrische Ladungen vorhanden sind, entstehen
Wechselwirkungen zwischen den Ionen des Lösungsmittels und der Substanz. Man hat versucht, diesen Störungen mit Salzen, z. B. 3—5% NaCl,
entgegenzuwirken. Wir versuchten vor etwa 20 Jahren zusammen mit
K. MYRBÄCK die Molekülgröße von Nucleotiden und Nucleinsäuren durch
Diffusion zu bestimmen. Es war aber unmöglich. Sie waren durch ihren
Gehalt an Phosphorsäure zu stark geladen. Nun enthält das Heparin etwa
45% Schwefelsäure. Wie soll man die Molekülgröße einer solchen Substanz
durch Diffusion oder Ultrazentrifugierung bestimmen können? Das ist
unmöglich, und diesbezügliche Angaben in der Literatur sind ziemlich wert-
los. Ganz anders ist es, wenn man mit der Viscosität der Hyaluronsäure und
der anderen großen Komplexe arbeitet.

GREILING (Berlin): Ich möchte noch auf ein neues Polysaccharid hinweisen, das Chondroitin, das KARL MEYER und GROMIAK diskutiert haben.
Das Chondroitin unterscheidet sich von der Chondroitinschwefelsäure
dadurch, daß es einen bedeutend niedrigeren Sulfatgehalt hat. Man
meint, das Chondroitin könnte der Vorläufer der Chondroitinschwefelsäure sein.

Ich möchte auch noch auf eine Arbeit von STROMINGER hinweisen, der vor kurzem aus dem Eileiter Uridindiphosphat-Acetyl-Galaktosaminsulfat isolieren konnte. Vielleicht spielt auch diese Verbindung bei der Biosynthese eine Rolle.

JORPES: Mit der augenblicklich sehr aktuellen Frage der Veresterung der Schwefelsäure beschäftigen sich viele Forscher (BERNSTEIN und McGILVERY, DE MEIO et al., HILZ und LIPMANN, STROMINGER). Die Frage ist jedoch noch nicht so weit geklärt, daß man eingehend darüber sprechen kann.

FISCHER (Frankfurt): Es ist allgemein anerkannt, daß das Mucopoly saccharid Heparin bei den verschiedensten Schockzuständen (Anaphylaxie, Bestrahlung, Verbrennung) aus den Mastzellen freigesetzt wird und das Blut ungerinnbar macht. Kann man heute schon etwas über den Mechanismus dieser Freisetzung sagen ?

JORPES: Heparin wird unter bestimmten Verhältnissen von den Mastzellen abgegeben. In der letzten Zeit hat man versucht, es mit Histaminliberatoren herauszulocken. Die Mastzellen enthalten zwar sehr viel Histamin, aber ich glaube nicht, daß sie die einzige Histaminquelle sind. Mein Freund ASBOE-HANSEN ist sicher zu weit gegangen, wenn er fordert, daß die armen Mastzellen neben dem Heparin und dem Histamin auch noch die Hyaluronsäure bilden sollen.

GIBIAN (Berlin): Versuche mit einzelnen Zellen aus Gewebekulturen ergaben, daß Hyaluronsäure und Chondroitinschwefelsäure nicht von den gleichen Zellen produziert werden.

BROCKMANN (Rostock): Herr Prof. JORPES sagte eben, es sei unwahrscheinlich, daß die Mastzellen die einzige Quelle für das Heparin sind. Wir haben in letzter Zeit in Rostock den Heparingehalt bei verschiedenen Tieren untersucht. Niedere Meerestiere, die bestimmt keine Mastzellen oder ähnliche Wanderzellen enthalten, besitzen mehr Heparin, als wir bisher in Organen von Ratten oder irgendwelchen anderen Lebewesen gefunden haben. Das heißt also, daß Heparin wahrscheinlich von Zellen gebildet wird, deren Fähigkeit zu sezernieren noch unbekannt ist.

JORPES: Ich möchte etwas über den Aufbau dieses Heparins wissen, ob es Aminogruppen und Hyaluronsäure oder etwas anderes enthält. Es ist ja bekannt, daß es z. B. in den Seeigeleiern Polysaccharide gibt, die einen sehr hohen Schwefelsäuregehalt haben und heparinartig wirken. Ihr Skelet besteht aber aus Polypentosen. Wenn bei den niederen Tieren hochveresterte Schwefelsäure vorkommt, wird sie gewöhnlich als Heparin bezeichnet, aber das ist nicht richtig.

Interessante Erscheinungen in der Physiologie
des Bindegewebes

Von

L. E. GLYNN und C. A. READING

*Department of Pathology and Special Unit for Juvenile Rheumatism, Canadian
Red Cross Memorial Hospital, Taplow, Bucks (England)*

Mit 7 Textabbildungen

In diesem Vortrag werde ich mich fast ausschließlich mit den
fibrösen Bestandteilen des Bindegewebes, und zwar hauptsächlich
mit den kollagenen Fasern beschäftigen. Das große Problem, dem
sowohl der Physiologe wie der Pathologe beim Studium dieses
Gewebes gegenüberstehen, ist seine bemerkenswerte In vivo-
Stabilität unter konstanten Stoffwechselbedingungen, während
bestimmte physiologische und pathologische Zustände seine rasche
Auflösung bewirken. Das Trockengewicht der Fasern besteht zu
über 90% aus dem Eiweiß-Kollagen, ein sehr stabiles Material,
wie schon die außerordentlich niedere Umschlagsrate beweist.
So haben Versuche von NEUBERGER and SLACK[1], bei denen
erwachsenen Ratten ^{14}C-markiertes Glykokoll verabreicht wurde,
gezeigt, daß das Gliedmaßenkollagen eine Woche nach der Injektion im wesentlichen die gleiche spezifische Aktivität besaß
wie nach 14 Wochen. Ich habe daher die Absicht, mich mit den
Faktoren zu befassen, die vermutlich für diese Stabilität verantwortlich sind, und mit den möglichen Mechanismen, die in der
Lage sind, sie zu überwinden.

Zuerst wollen wir die Beweise für die rasche Entfernung des
Kollagens unter bestimmten physiologischen und pathologischen
Bedingungen betrachten. HARKNESS[2] hat gezeigt, daß das Kollagen in den Hörnern des schwangeren Rattenuterus von $10{,}4 \pm 1{,}2$ mg
vor der Konzeption auf $57{,}9 \pm 5{,}0$ mg am 19. bis 22. Tag der
Schwangerschaft zunimmt. Vom 5. bis 12. Tag nach dem Werfen
ist der Kollagengehalt auf $7{,}9 \pm 0{,}7$ mg gefallen, d. h. er hat in

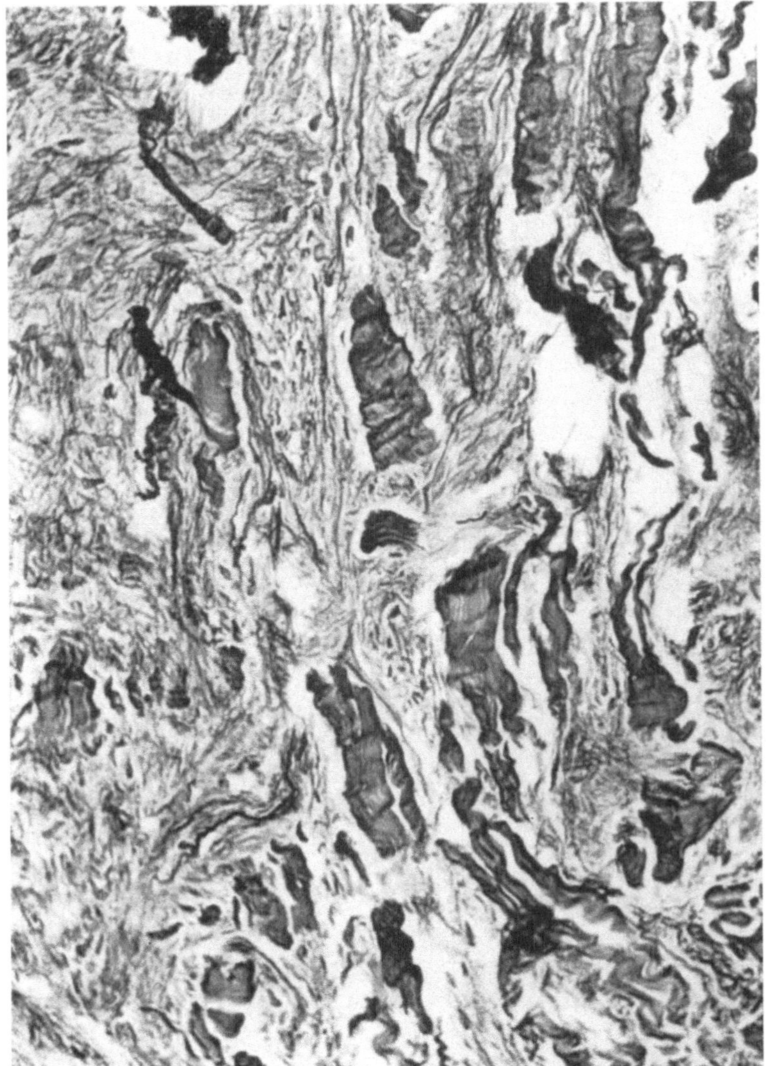

Abb. 1. Subcutanes Knötchen eines Patienten mit Rheumatismus. Das Bild zeigt den fragmentären, aufgelösten Zustand der kollagenen Fasern, wie er für diese Krankheit charakteristisch ist. GOMORISche Reticulinfärbung; 350fache Vergrößerung

einer Woche um ungefähr 50 mg abgenommen. In ähnlicher Weise verschwindet bei der Schilddrüsenhyperplasie der Ratte nach Thiouracilverabreichung das vermehrte Kollagen rasch, wenn das Thiouracil der Diät nicht mehr zugesetzt wird[3]. Andere Beispiele

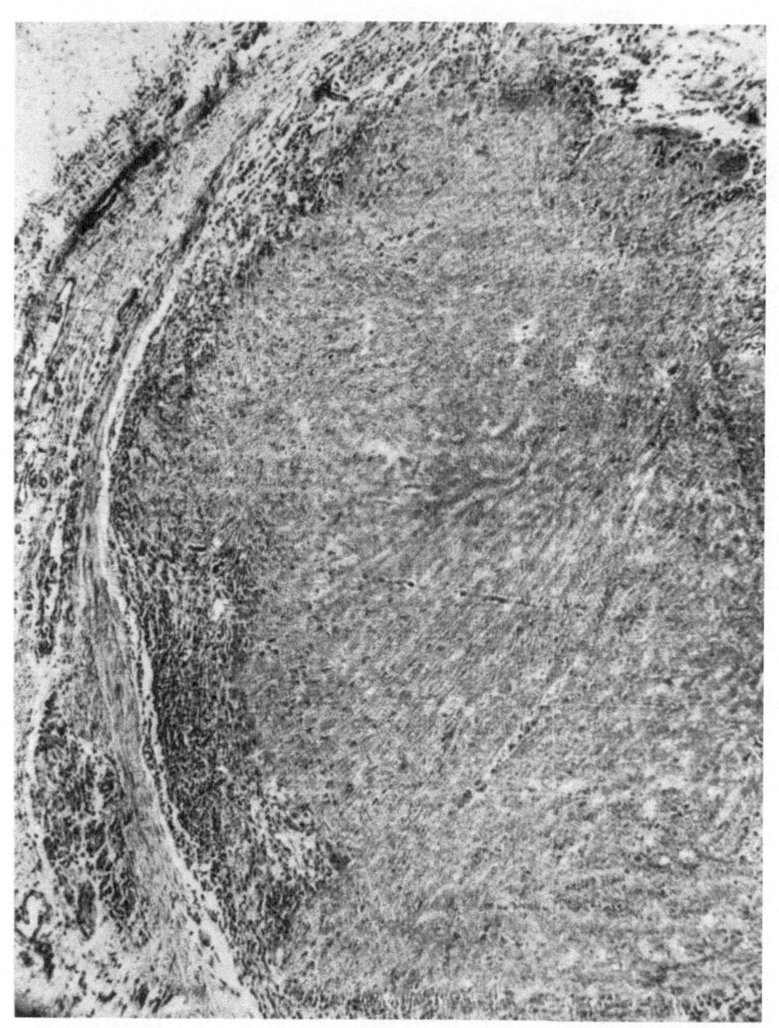

Abb. 2. Ein Homotransplantat von Lebergewebe in einem Kaninchen. Dieser Ausschnitt zeigt das Transplantat nach zwei Wochen. Eine dünne Schicht von Granulationsgewebe umgibt das Transplantat, in dem die nekrotischen Leberzellen immer noch gut erkennbar sind. H. E.-Färbung, 90fache Vergrößerung

eines ziemlich raschen Kollagenverlustes unter experimentellen Bedingungen werden bei Lebercirrhosen[4] beobachtet, wenn das cirrhoseerzeugende Agens im reversiblen Stadium entzogen wird, oder in Gliedmaßen, die eine Inaktivitätsatrophie durchmachen[5]. Vom Standpunkt des Rheumaforschers ist der wichtigste Beweis

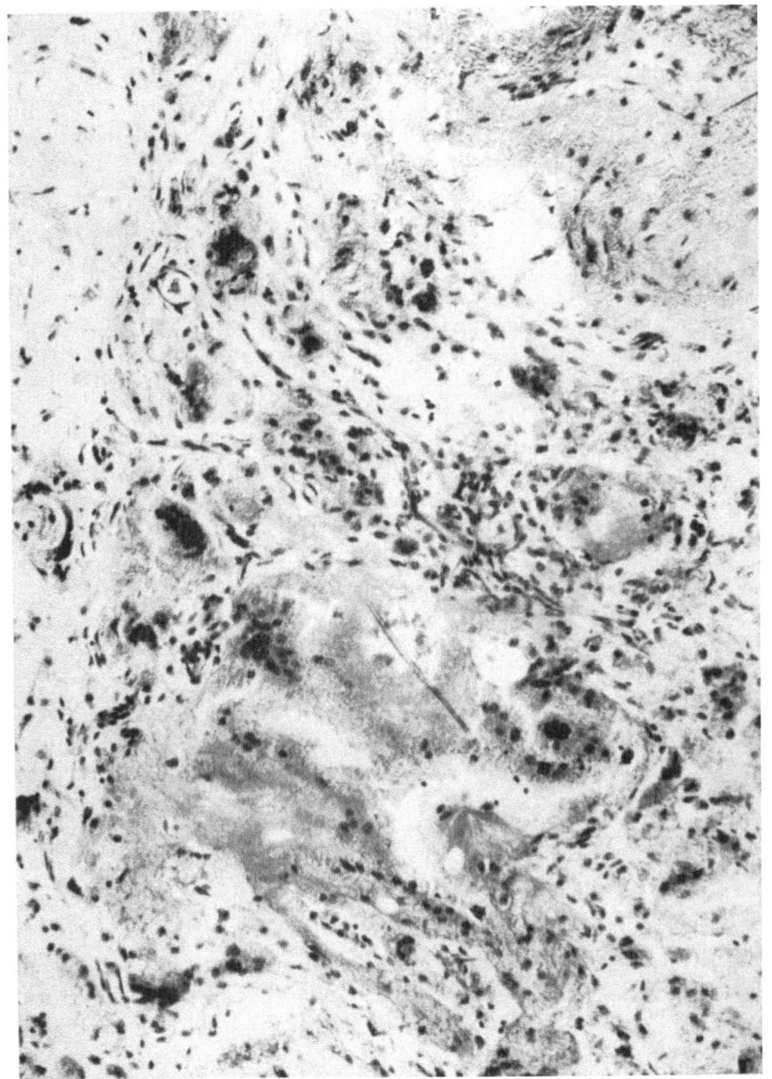

Abb. 3. Ein ähnliches Transplantat wie in Abb. 2, das nach 6 Wochen entfernt wurde. Das Vorhandensein einiger Riesenzellen und einiger nekrotischer Zelltrümmer ist zu beobachten; das Transplantat ist fast ganz absorbiert worden. H. E.-Färbung, 90 fache Vergrößerung

für den Abbau und die Resorption des Kollagens der histologisch sichtbare Verlust in den subcutanen Rheumaknötchen und bei der rheumatischen Gelenksentzündung.

Abb. 1 zeigt einen Ausschnitt aus einem subcutanen Knötchen eines Patienten mit Rheumatismus. Er wurde nach dem Gomori-schen Silberimprägnierungsverfahren gefärbt und zeigt deutlich das fragmentäre, sich auflösende Kollagen, umgeben von sog. fibrinoidem Material. In anderen Ausschnitten bleiben nur Spuren vom ursprünglichen Kollagen zurück.

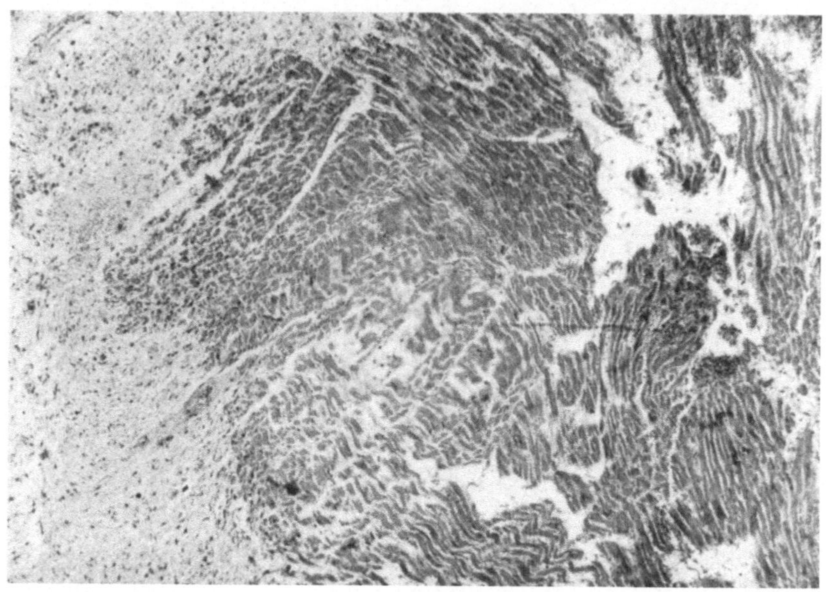

Abb. 4. Ein Homotransplantat von Herzmuskel nach 2 Wochen in einem Kaninchen. Die Muskelfasern sind immer noch deutlich erkennbar. H.E.-Färbung, 90fache Vergrößerung

Die Stabilität des Kollagens in vivo wird vielleicht am besten durch einen Vergleich in der Erhaltungsdauer von homologen Transplantaten von Kollagen und anderen Geweben wie Herz-muskel, Leber und Niere demonstriert. Einem frisch getöteten Kaninchen wurden aus verschiedenen Organen Fragmente von ein paar Millimeter Durchmesser entnommen und einem anderen Kaninchen subcutan eingepflanzt. Diese Implantate wurden in verschiedenen Zeitabständen entfernt und auf ihre Erhaltung oder Anzeichen von Resorption studiert. Abb. 2 zeigt ein Leber-transplantat nach 2 Wochen. Obwohl die Parenchymzellen tot

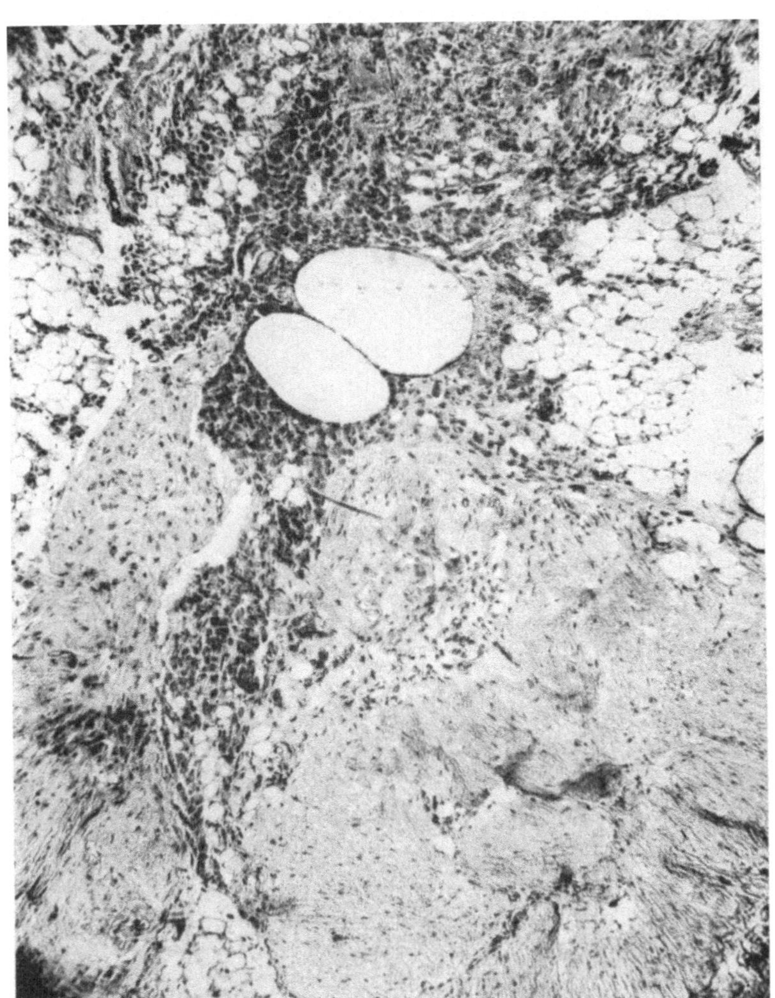

Abb. 5. Das gleiche wie in Abb. 4; 6 Wochen nach der Transplantation. Das Transplantat ist ganz absorbiert worden. Eine Ansammlung pigmentierter Makrophagen markiert die Stelle, die es eingenommen hatte. H. E.-Färbung, 90fache Vergrößerung

sind, ist das Gewebe immer noch gut erkennbar und zeigt nur geringe Veränderungen, abgesehen von einigen peripheren Zelleinwanderungen. Nach 6 Wochen jedoch waren die Transplantate für das bloße Auge unsichtbar. Mikroskopisch waren sie fast gänzlich durch eine kleine Ansammlung von Makrophagen, Fibroblasten und einigen Riesenzellen ersetzt (Abb. 3). Fast die gleiche

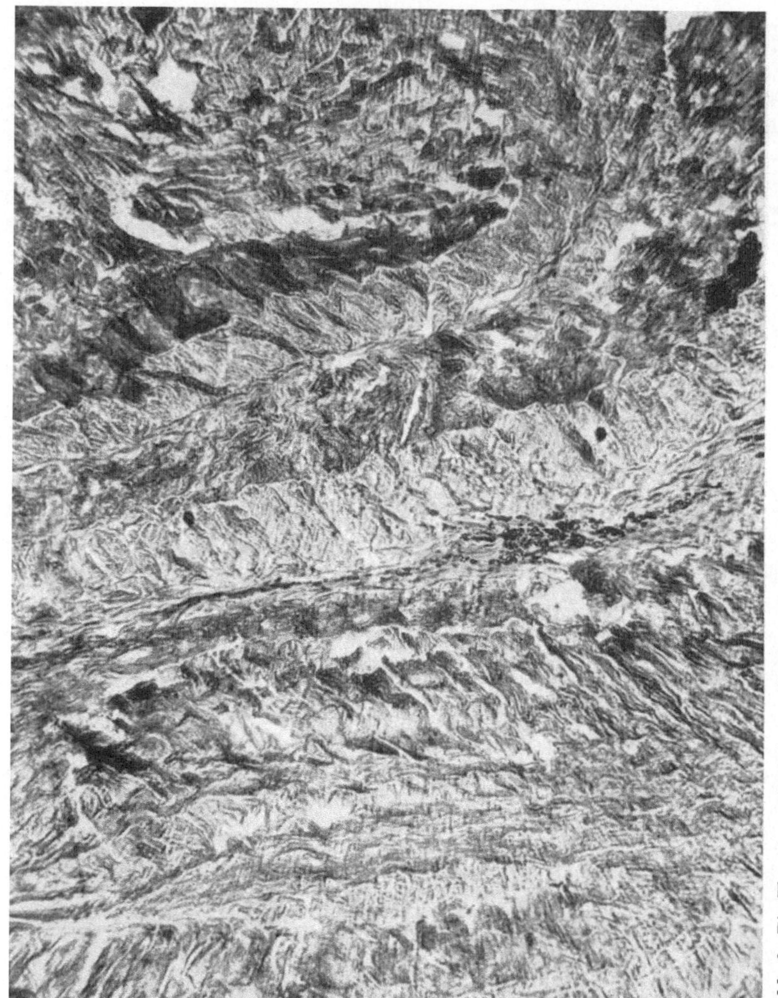

Abb. 6. Ein Homotransplantat von Kaninchenfascie 13 Wochen nach der Transplantation. Das Aussehen ist im wesentlichen unverändert. Die charakteristische Schichtung, die durch das Falten des dünnen Fascienblattes zustande kommt, ist besonders zu beachten. H. E.-Färbung, 90fache Vergrößerung

Folge von Erscheinungen wurde am Herzmuskeltransplantat beobachtet. Abb. 4 zeigt, daß nach 2 Wochen die nekrotischen Fasern noch vorhanden sind; in folgender Abbildung (Abb. 5) nach weiteren 4 Wochen ist das ganze Transplantat verschwunden und die Stelle nur noch durch eine Ansammlung von pigmentierten Makrophagen markiert. Nierentransplantate sind etwas resistenter;

das nekrotische Gewebe war nach 6 Wochen immer noch deutlich erkennbar, aber nach 13 Wochen war es — von einigen verkalkten Stellen abgesehen — verschwunden. Auch hier war die ursprüngliche Transplantationsstelle durch eine Makrophagenansammlung gekennzeichnet. Die kollagenen Transplantate, die dem Vergleich mit diesen anderen Geweben dienten, wurden durch Abstreifen der dünnen Fascienschicht von der Rückenmuskulatur gewonnen. Wenn schmale Streifen dieser Fascie transplantiert werden, so falten sie sich in einer charakteristischen Weise, wie die nächste Abbildung deutlich zeigt (Abb. 6). Sie weist nachdrücklich auf die praktisch unveränderte Erscheinung des Transplantates nach 13 Wochen im Wirtsorganismus hin. Fast das gleiche Bild erhält man noch nach einer Implantationsdauer von über einem Jahr. Da diese verschiedenen Transplantationen alle subcutan vorgenommen wurden, dachte man an die Möglichkeit, daß die Resistenz der Fascie durch die relative Gefäßarmut dieser Stelle und das Fehlen einer stärkeren cellulären Reaktion bedingt sein könnte, obwohl natürlich diese Faktoren auf die anderen Gewebsproben ebenso wirkten. Um dieser Kritik zu begegnen, wurden Fascienstücke und andere Gewebe in den Erector trunci-Muskel des Empfängers homotransplantiert. Nach 4 Wochen konnte nur noch das Fascientransplantat erkannt werden, das histologisch unverändert war, wie die Abbildung deutlich zeigt (Abb. 7).

Die Resistenz des Kollagens gegenüber der Absorption in vivo steht höchstwahrscheinlich in Beziehung zu seiner Resistenz gegen tryptische Verdauung. Natives Kollagen wird durch Fermente tierischen Ursprungs, die innerhalb des im Bindegewebe vorhandenen p_H-Bereichs wirken, nicht angegriffen. Dennoch wird Kollagen, wie wir bereits gesehen haben, unter bestimmten physiologischen und pathologischen Bedingungen entfernt. Es sind daher zwei Probleme näher zu betrachten:

1. Worauf beruht die fermentative Resistenz des Kollagens?
2. Wie wird diese Resistenz bei der Auflösung überwunden?

Man hat gehofft, daß diese und andere Fragen beantwortet werden könnten durch verschiedene Vorbehandlung des zur Implantation bestimmten Kollagens.

Die Frage, die erst beantwortet werden soll, ist die naheliegendste und lautet: „Hängt die In vivo-Stabilität von der Funktionstüchtigkeit der Fibrocyten ab?" Stücke der dorsalen

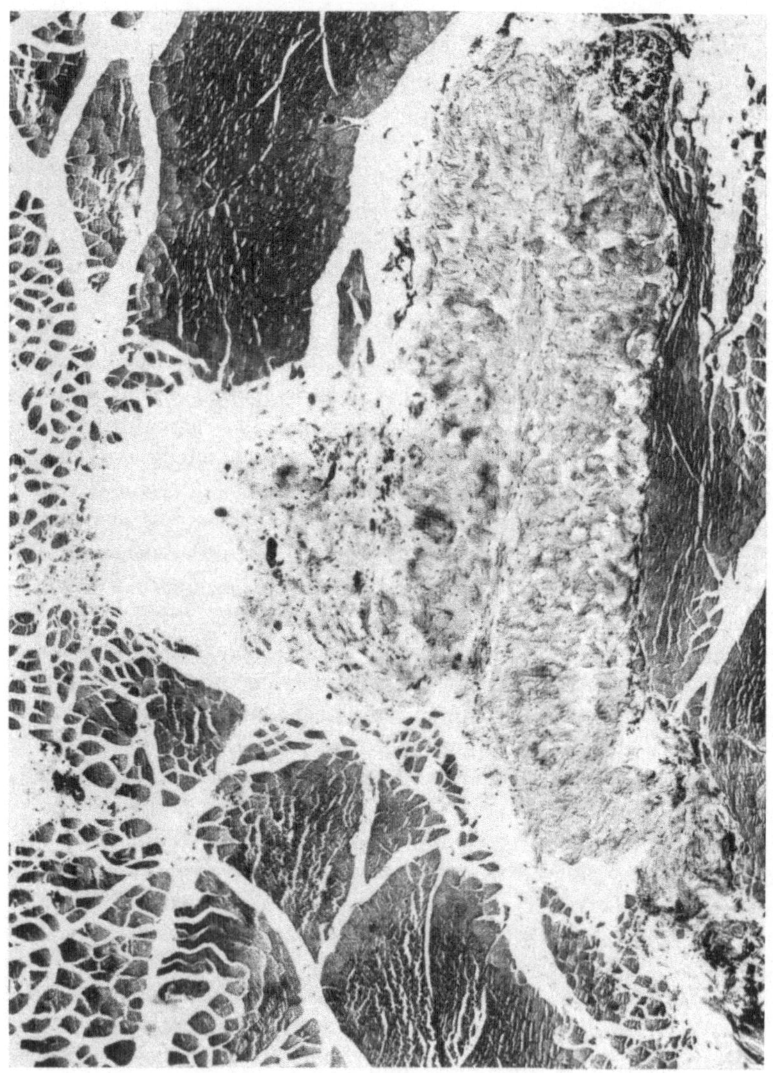

Abb. 7. Ein Homotransplantat von Kaninchenfascie im Erector trunci-Muskel nach vier Wochen zu einer Zeit, da ähnliche Proben von Leber, Milz usw. schon ganz verschwunden waren. Es besteht kein Anhalt für die Absorption des Kollagens. H. E.-Färbung, 50fache Vergrößerung

Fascie von Kaninchen wurden unter aseptischen Vorkehrungen entfernt und in sterilen Behältern bei Zimmertemperatur mehrere Tage aufbewahrt, wonach die Zellen als tot betrachtet werden dürfen. Ungefähr 7×4 mm große Stücke wurden dann anderen

Kaninchen subcutan implantiert. Diese Transplantate wurden bald mit einer dünnen Schicht von Granulationsgewebe umgeben, aber noch nach 12 Monaten erschien das Implantat selbst sowohl bei makroskopischer wie mikroskopischer Betrachtung unverändert. Gelegentlich wurde beobachtet, daß Wirtsfibroblasten zwischen die Faserbündel des Transplantates eingewandert waren, aber das Fortbestehen vieler Transplantate ohne wesentliche Einwanderung von Wirtszellen deutet darauf hin, daß die Stabilität unabhängig von der örtlichen Zelltätigkeit ist. Dies wird durch weitere, später beschriebene Versuche bestätigt.

Proben von nativem kollagenem Gewebe enthalten immer eine kleine Menge Polysaccharid. Wenn man den reduzierenden Zucker, der durch Hydrolyse freigesetzt wird, als Glucose bestimmt, beträgt er 0,4% des Trockengewichts dieses Materials[6]. Die Funktion dieses Polysaccharids ist bei weitem noch nicht geklärt, aber viele glauben, daß es eine wichtige strukturelle Rolle bei der Vernetzung spielt[7]. Die interessanten Versuche von JACKSON[8] stützen diese Auffassung weitgehend. Er hat z. B. gefunden, daß die Löslichkeit der Rattenschwanzsehne in 0,4%iger Essigsäure fast viermal so groß ist, wenn diese Sehne einige Tage mit Hyaluronidase aus Testes vorbehandelt wurde. Darüber hinaus haben Fällungen dieses säurelöslichen Kollagens mit Chondroitinsulfat ein Material ergeben, das in schwachen Säuren fast unlöslich ist. Die ursprüngliche Löslichkeit wird jedoch durch eine Behandlung des Präcipitates mit Hyaluronidase wiedererlangt. Ein weiterer Beweis für die stabilisierende Rolle eines hyaluronidaseempfindlichen Materials in der Rattenschwanzsehne wurde durch die Beobachtung erbracht, daß dieses Ferment auch einen Einfluß auf die Schrumpfungstemperatur der Fasern hat. Während die Schrumpfungstemperatur für die native Sehne 67° C betrug, war die der fermentbehandelten Sehne 53° C. Außerdem ist die Schrumpfungstemperatur von säurelöslichem, durch starke Kochsalzlösung gefälltem Kollagen nur 43° C, während ähnliches Material, das mit Chondroitinsulfat gefällt wurde, eine Schrumpfungstemperatur von 55° C aufweist. Auf Grund dieser Versuche hat man erwartet, daß eine Behandlung der Fascie mit Hyaluronidase vor der Implantation seine Stabilität in vivo wesentlich verringern würde. Wir waren sehr erstaunt, daß die Erhaltung in vivo durch diese Behandlung ganz unbeeinflußt blieb.

Die Untersuchung der Fascie nach Behandlung mit Hyaluronidase ergab zudem weder eine erniedrigte Schrumpfungstemperatur, noch ein Anzeichen von Polysaccharidextraktion. Es wäre demnach anzunehmen, daß die Polysaccharide in der Kaninchenfascie sich in ihrer Fermentempfindlichkeit von denen der Rattenschwanzsehne unterscheiden. Eine Wiederholung des Versuchs mit letzterem Material wird zur Zeit ausgeführt, die Ergebnisse liegen uns aber noch nicht vor.

Eine andere, viel robustere Methode, Mucopolysaccharide aus dem Bindegewebe zu entfernen, ist die Extraktion mit starken Laugen. Diese führt zu einer hochgradigen Quellung der extrahierten Gewebe, die jedoch größtenteils reversibel ist, wenn der p_H-Wert ungefähr auf den neutralen Bereich reduziert wird. Fascienstücke wurden von Kaninchen entnommen und in eine Lösung gebracht, die in bezug auf NaOH 0,9%ig und auf $Ca(OH)_2$ 0,4%ig war und ein p_H von 13,3 aufwies[9]. Nach 5 Tagen wurden die Stücke aus der Lösung genommen, gründlich gewaschen und anderen Kaninchen subcutan implantiert. Trotz der hochgradigen Quellung, die diese Proben durchgemacht hatten, und der beträchtlichen Menge Polysaccharids, die extrahiert sein mußten, ließ sich ihr Verhalten in vivo von dem der unbehandelten Kontrollstücke, die gleichzeitig den gleichen Tieren einverleibt wurden, in keiner augenscheinlichen Weise unterscheiden.

Die Wechselbeziehung zwischen Kollagen und Polysaccharid ist außerordentlich hitzeempfindlich. In diesem Zusammenhang hat Partridge[7] gezeigt, daß, wenn die Temperatur einer wäßrigen Knorpelpulversuspension zu dem Punkt erhöht wird, bei dem man eine thermische Kontraktion des Kollagens erwarten würde, d. h. also bei 60—70° C, ein hochviscöses, wasserlösliches und chondroitinsulfathaltiges Mucoid freigesetzt wird. In entsprechender Weise wurde die Wirkung dieses Hitzegrades auf die Absorbierbarkeit von Kaninchenfascie studiert. Streifen von Fascie wurden in isotonischer Salzlösung erhitzt, bis scharfe und wohl markierte Kontraktionen auftraten. Proben dieses hitzekontrahierten Gewebes wurden dann zusammen mit unerhitztem Kollagen als Kontrolle Kaninchen implantiert. Nach 12—29 Tagen waren keine Unterschiede zwischen den hitzekontrahierten Proben und den Kontrollen nachzuweisen; nach 70 Tagen blieben jedoch nur die Kontrollstücke übrig.

Das endokrine System übt bekanntlich einen wichtigen Einfluß auf das Bindegewebe aus. ENGEL[10] und ENGEL and CATCHPOLE[11] zeigten, daß das Parathormon auf die Mucopolysaccharide des Knochens wirkt, indem es ihre Depolymerisation und eine entsprechende Zunahme ihrer Wasserlöslichkeit herbeiführt. Eine gleichzeitige, der verabreichten Hormondosis proportionale Zunahme der Serummucoproteide wurde beobachtet. Bei hohen Dosen betrug die Steigerung des Serummucoproteids das Fünffache. Im übrigen sprechen die Arbeiten von BARNICOT[12] für eine örtliche Wirkung des Hormons. Er stellte fest, daß Mäusenebenschilddrüsen, die mit Knochentransplantaten in Berührung standen, zu einer örtlichen Absorption und Perforation des übertragenen Knochenstückes führten. Wir haben daraufhin den Einfluß von trockenem Parathormonpulver, das neben Fascientransplantationen gebracht wurde, studiert. Es trat eine beträchtliche Entzündungsreaktion auf. Bedauerlicherweise sind die Ergebnisse nicht ganz eindeutig. In einem Kaninchen waren allem Anschein nach 2 Fascienimplantate mit je 20 Einheiten Parathormon in 17 Tagen vollständig absorbiert worden und in zwei weiteren Kaninchen hatte in 14 Tagen keine Absorption stattgefunden, jedoch verschwand eines der beiden noch vorhandenen Implantate in jedem Tier nach 48 Tagen. Selbstverständlich müssen diese Versuche wiederholt werden, da ein eindeutig positives Ergebnis Folgerungen von höchster Bedeutung nach sich ziehen würde. Ein ähnliches Experiment unter Anwendung von 5—10 mg Hydrocortison mit jedem Implantat zeigte innerhalb von 8 Wochen keinerlei Wirkung. Angesichts der möglichen Beteiligung eines allergischen Geschehens in der Pathogenese von Bindegewebskrankheiten schien es uns wünschenswert, die Wirkung eines akuten, in unmittelbarer Nähe eines Bindegewebstransplantates ablaufenden ARTHUS-Phänomens zu studieren. Kaninchen wurden mit einem durch Aluminium gefällten Menschenglobulin immunisiert. Wenn ihr Serum einen hohen Präcipitintiter gegen dieses Antigen aufwies, wurden Implantationen in der üblichen Weise vorgenommen, nur daß die Fascie 72 Std. vor der Implantation mit einer Globulinlösung getränkt wurde. Eine heftige Reaktion lief um diese Implantate herum ab, und eine intensive polymorphe Infiltration bildete innerhalb von 14 Tagen eine echte Kapsel um jedes Implantat.

Es ergab sich jedoch kein Anhalt für eine beschleunigte Absorption bei bis zu 73 tägiger Beobachtung.

In den letzten Jahren wurde das Bindegewebe in 3 Komponenten fraktioniert, je nach ihrer Löslichkeit in alkalischen oder sauren Puffern[13]. Eine Fraktion, die aus der Haut von jungen Kaninchen durch Extraktion mit einem Phosphatpuffer bei p_H 9 gewonnen wird, ist als alkalilösliches Kollagen bekannt. Eine säurelösliche Fraktion ist aus dem Rückstand durch Extraktion mit verdünnter Essigsäure oder Citratpuffer bei p_H 3,8 leicht erhältlich. Der unlösliche Rückstand wird als reifes oder ausgewachsenes Kollagen bezeichnet. Alle 3 Arten zeigen das gleiche charakteristische elektronenmikroskopische Bild, es sind aber kleine Unterschiede in ihrer chemischen Zusammensetzung nachgewiesen worden. Da die alkalilösliche Fraktion sich auch im neutralen p_H-Bereich löst, hielten wir es nicht der Mühe wert, seine Absorption in vivo zu studieren. Säurelösliches Kollagen, das nach einer Modifikation der Methode von Harkness u. Mitarb. dargestellt wurde, ergibt einen dichten, faserigen Filz nach Fällung mit 5%iger Salzlösung. Gefriergetrocknete Stücke wurden in isotonischer Salzlösung einige Stunden gewässert und Kaninchen subcutan implantiert. Die Implantate waren gegen Resorption resistent, und als sie nach 10 Tagen entfernt wurden, fast unverändert; etwa am 28. Tag zeigten sie jedoch eine auffallende Größenabnahme. Dieses säurelösliche Kollagen kann ebenso wie das native der verdauenden Wirkung des Trypsins widerstehen. Nach einer Inkubationsdauer von einigen Tagen bei p_H 8 in einer Fermentlösung, die pro Kubikzentimeter 0,2 mg kristallines Trypsin enthielt, waren nur etwa 5% des Ausgangsmaterials abgebaut. Das war nicht mehr, als die Pufferlösung allein in der gleichen Zeit aufgelöst hat. Aber in Phosphatpuffer waren 21% abgebaut.

Obwohl die Absorbierbarkeit von hitzekontrahiertem Kollagen verzögert ist, spricht dies für einen Zusammenhang zwischen der Resistenz gegen Absorption und gegen tryptische Verdauung. Fermente mit trypsinartigen Eigenschaften sind im Plasma und in entzündlichen Exsudaten von allen bisher untersuchten Säugetieren nachgewiesen worden[14]; bei den meisten Tieren müssen diese Fermente aber erst aktiviert werden. Es ist daher naheliegend, daß Mittel, die das Kollagen der Trypsinverdauung zugänglich machen, auch seine Resistenz gegen Absorption mindern werden, vermutlich indem sein Zustand so verändert wird, daß den zirkulierenden Fermenten ein Angriff möglich ist. Zur Stützung dieser Hypothese sei erwähnt, daß Gelatine, die durch Formolfixation in einen unlöslichen Zustand gebracht worden ist, sehr rasch von Trypsin verdaut wird und bereits nach 14 Tagen aus einem subcutanen Implantat vollständig absorbiert worden ist. Die Frage der Stabilität des Kollagens in vivo ist daher zumindest teilweise eine Frage seiner Resistenz gegen trypsinartige Fermente. Es mag vielleicht einleuchten, daß unter bestimmten Bedingungen das p_H der Gewebsflüssigkeiten soweit abfallen könnte, daß die katheptischen Fermente aktiviert würden; dies ist aber unwahrscheinlich. SHERRY u. Mitarb.[15] haben allerdings gezeigt, daß tierische Kathepsine und Leukocyten Kollagen bei p_H 1,5 verdauen können. Es ist jedoch weitaus wahrscheinlicher, daß dies nicht dem üblichen Mechanismus entspricht, und daß der Kollagenabbau von der Entfernung oder der Hemmung der Substanzen abhängt, die für seine Fermentfestigkeit verantwortlich sind.

Um dieses Problem zu lösen, muß die Struktur der kollagenen Fasern und ihre Beziehung zu der intrafibrillär stützenden Grundsubstanz noch ultramikroskopisch und chemisch studiert werden. Natives kollagenes Gewebe ist keine einzelne chemische Verbindung, sondern ein sehr komplexer Verband makromolekularer Substanzen. Mindestens zwei Komponenten können durch einfaches Autoklavieren leicht getrennt werden. Eine, vermutlich aus den Fasern selbst stammend, geht als Gelatine in Lösung, die andere, möglicherweise von interfibrillärer Kittsubstanz, bleibt als „nicht autoklavierbarer Rückstand" zurück. Dieser besteht aus Elastin, Polysacchariden und Eiweiß; das letztere ist durch einen hohen Tyrosingehalt gekennzeichnet[6, 16]. Es ist kaum möglich, eine genaue Zahl für den Tyrosingehalt des Eiweißrückstandes anzugeben, da es sehr schwer ist, die letzten paar Prozent Kollagen zu extrahieren; aber es ist bestimmt sehr viel mehr, als man im nativen Kollagen findet und ein Vielfaches von dem, was reines Kollagen enthält. In der Tat ist es so, daß der Tyrosingehalt bei der Reinigung des Kollagens fortwährend sinkt, was andeutet, daß das Kollagenmolekül überhaupt kein Tyrosin enthalten könnte. Die von Miß BOWES erhaltenen analytischen Zahlen für verschiedene lösliche Formen von Säugetierkollagen geben Anlaß zu sehr interessanten Erwägungen über die Beziehungen dieser Kollagenformen zu den normalen unlöslichen Arten. Die Hauptunterschiede zwischen den säurelöslichen und säureunlöslichen Arten sind im folgenden Bild veranschaulicht. Die lösliche Art enthält wesentlich mehr Oxyprolin, während der Gesamtstickstoff und der Tyrosingehalt deutlich niedriger liegen. Bowes[16] nimmt deshalb an, daß die Umwandlung der löslichen in die unlösliche Form durch wechselseitige Fällung durch eine Substanz — möglicherweise ein tyrosin- und polysaccharidreiches Mucoproteid, das wenig Oxyprolin enthält — zustande kommt. Eine Frage von größter Wichtigkeit, die wir allerdings im Augenblick noch nicht beantworten können, ist, ob die Resistenz dieses gefällten Kollagens gegen Trypsin auf die Anwesenheit dieses Mucoproteids zurückzuführen ist oder ob sie in der Struktur des Kollagenmoleküls selbst, auch im gelösten Zustand, verankert ist. Unglücklicherweise ist, das säurelösliche Kollagen im trypsinwirksamen p_H-Bereich unlöslich, und wir haben bis jetzt noch kein geeignetes alkalilösliches Präparat zur Verfügung gehabt.

Angesichts der möglichen Rolle, die die Mucoproteidkomponente des kollagenen Gewebes beim Zustandekommen der Resistenz des Ganzen gegen tryptische Fermente spielen könnte, haben wir ausführliche Studien über die extrahierbaren Polysaccharide des Bindegewebes unternommen[17]. Menschliches subcutanes Bindegewebe, das frei von Fett und wasserlöslichen Bestandteilen war, extrahierten wir mit N/5 KOH bei 0° C 14 Tage lang. Bei dieser Temperatur wird sehr wenig Kollagen extrahiert: 75% der isolierten Substanzen waren in verdünnter Essigsäure unlöslich. Die übrigen 25% des alkalischen Extraktes waren in Essigsäure und in Wasser löslich. Papierchromatographische und elektrophoretische Untersuchungen zeigten, daß beide Fraktionen Protein und Polysaccharid enthielten und daß in der essigsäurelöslichen Fraktion mehr Polysaccharid enthalten war, nämlich mindestens 10%. Beide Fraktionen enthielten wenigstens drei Säurepolysaccharide, von denen keines mit Knorpelchondroitinsulfat identisch war. Durch Hydrolyse wurden Mannose, Galaktose und Hexosamin als Bestandteile freigesetzt. Galaktose war die vorherrschende Hexose. Andere Zucker waren in sehr kleinen

Mengen vorhanden, Uronsäure nur in Spuren. Von den drei Polysacchariden waren zwei metachromatisch und zeigten mäßige bis starke elektrophoretische Beweglichkeit zur Anode hin. Diese charakteristischen Merkmale der Säurepolysaccharide zusammen mit dem fast gänzlichen Fehlen von Uronsäure deuten stark auf die Anwesenheit von sauren Sulfatgruppen in diesen Polysacchariden hin. Das Protein in diesen alkalischen Extrakten enthielt wenig Kollagen, aber relativ viel Tyrosin und Leucin.

Die beträchtliche Einschmelzung der säurelöslichen Kollagenstücke 4 Wochen nach der Implantation deutet an, daß die Stabilität in vivo nicht ganz auf die Resistenz gegen Trypsin zurückzuführen ist, da diese Form des Kollagens in vitro in hohem Maße fermentresistent war. Man ist versucht anzunehmen, daß die Mucoproteide, die im nativen Kollagen vorhanden sind, aber nur in kleinen Mengen als säurelösliche Variation vorliegen, für die Resistenz gegen Trypsin verantwortlich sind; die verminderte Stabilität des säurelöslichen Kollagens in vivo könnte sehr wohl der Ausdruck dieser quantitativen und möglicherweise auch qualitativen Minderung sein. Die Leichtigkeit, mit der dieses lösliche Kollagen in Gelatine verwandelt werden kann (nach BOWES durch Erwärmen auf 40° C), bestätigt diese angenommene Verminderung in seinem inneren Zusammenhang.

Weitere Tatsachen, die für die Wichtigkeit der nicht kollagenen Bestandteile für die vollständige Erhaltung des nativen Kollagens sprechen, werden durch die Anwendung eines Bakterienfermentes, der Kollagenase, gewonnen. Gereinigte Proben dieses Fermentes haben keine proteolytische Aktivität, bewirken aber sehr leicht die Auflösung nativen Kollagens[18]. Es können jedoch nur kleinste Mengen des so gewonnenen Materials durch Dialyse entfernt werden, und es gelingt auch nicht, freie Aminosäuren oder kleine Polypeptide chromatographisch nachzuweisen[19]. Eine elektronenmikroskopische Betrachtung der Veränderungen, die das Kollagen auf Grund der Kollagenaseeinwirkung aufweist, bestätigt, daß die primäre Wirkung gegen eine feine Kittsubstanz gerichtet ist, die normalerweise die Hauptkomponenten zu typisch gestreiften Fasern vereinigt[20, 21]. Ob es sich bei dieser Kittsubstanz um ein Mucopolysaccharid handelt, muß durch weitere Analysen der nach Kollagenaseeinwirkung auftretenden Spaltprodukte festgestellt werden.

Unsere Anschauung über die Natur des kollagenen Bindegewebes mag folgendermaßen zusammengefaßt werden. Die gestreiften Fasern, die bei elektronenmikroskopischer Betrachtung einen Durchmesser von etwa 1000 Å aufweisen, bestehen aus kleineren Einheiten, Quasi-Kristallen und Granula, die durch eine Kittsubstanz zusammengehalten werden. Die Fasern wiederum, die mit einem polysaccharidischen Material zu kollagenen Fasern von etwa 1 μ Durchmesser zusammengeleimt sind, bilden die kollagenen Bündel. Diese Bündel werden von einer Grundsubstanz von gelartiger Beschaffenheit gestützt, die u. a. Hyaluronsäure, Chondroitinsulfat und ein galaktosereiches Polysaccharid enthält. Das weiter innen liegende Mucopolysaccharid des Kittes enthält nur wenig oder fast gar keine Hyaluronsäure und Chondroitinsulfat, sondern besteht aus Galaktose, Mannose und Glucosamin. Die Fähigkeit des nativen Kollagens, der Wirkung der endogenen, trypsinartigen Fermente zu widerstehen, beruht hauptsächlich auf der engen Beziehung zwischen dem Protein der Baueinheiten und dem Mucopolysaccharid des Kittes. Mittel, die die Innigkeit dieser Beziehungen zerstören, steigern die Empfindlichkeit gegenüber trypsinartigen Fermenten und/oder reduzieren die Stabilität des Materials in vivo. Möglicherweise ließe sich etwas über die Natur der Verbindung zwischen dem Mucopolysaccharid und dem Kollagen im nativen Kollagen aus seiner bemerkenswerten Resistenz gegen alkalische Extraktion erfahren. Sogar nach 40 tägiger Extraktion mit N/5 Kalium causticum bei 0° C verbleibt immer noch 50% des ursprünglichen Zuckergehaltes, ein Befund, der ohne Zweifel die bemerkenswerte In vivo-Stabilität der Fascienimplantate mit nur dreitägiger Alkalibehandlung erklärt. Bis jetzt deuten alle unsere Ergebnisse darauf hin, daß die Fermentresistenz und die Stabilität in vivo Funktionen dieses fest gebundenen Mucoproteids sind. Umgekehrt sprechen die Verdaubarkeit durch Trypsin und die Absorption in vivo für einen Abbau dieses Mucoproteids oder eine Störung in seiner Beziehung zum kollagenen Protein. Der Mechanismus, durch den dies in der Natur geschehen kann, ist immer noch unklar. Daß diese schützenden Beziehungen gegen Wärmeeinwirkung empfindlich sind, wird durch zahlreiche Beobachtungen gestützt, nur sind die erforderlichen Temperaturen, die solche Veränderungen am nativen Kollagen bewirken, ganz außerhalb des physiologischen Bereichs. Wir haben bisher die Empfindlichkeit gegen Oxydation noch nicht studiert, aber die starke Wirkung von Perjodatoxydation, durch die die Temperatur für die Wärmekontraktion von 67° C auf 40° C herabgesetzt wird[22], erscheint uns sehr ermutigend. Zum Schluß ist es interessant, zu vermerken, daß bei der Herstellung von absorbierbarem Catgut aus dem Bindegewebe von Schafsdarm die zwei wichtigsten der heute gebräuchlichen Methoden sich entweder der Wärme von 150° C oder der länger dauernden Oxydation mit Jod bedienen[23]. Weitere Studien über milde Oxydation von nativem Kollagen können sehr wohl den Mechanismus des Kollagenabbaus in vivo weiter beleuchten.

Literatur

[1] NEUBERGER, A., and H. G. B. SLACK: Biochemic. J. **53**, 47 (1953).

[2] HARKNESS, M. L. R., and R. D. HARKNESS: J. of Physiol. **123**, 492 (1954).

[3] HARKNESS, M. L. R., R. D. HARKNESS and J. E. SANTLER: J. of Physiol. **125**, 51 (1954).

[4] MORRIONE, T. G.: Amer. J. Path. **25**, 273 (1949).

[5] SLACK, H. G. B.: Clin. Sci. **13**, 155 (1954).

[6] CONSDEN, R., L. E. GLYNN and W. M. STANNIER: Biochemic. J. **55**, 248 (1953).

[7] PARTRIDGE, S. M.: Biochemic. J. **43**, 387 (1948).

[8] JACKSON, D. S.: Biochemic. J. **54**, 638 (1953).

[9] BOWES, J. H., and R. H. KENTEN: Biochemic. J. **43**, 365 (1948).

[10] ENGEL, M. B.: Amer. Med. Assoc., Arch. Path. **53**, 339 (1952).

[11] ENGEL, M. B., and H. R. CATCHPOLE: Proc. Soc. Exper. Biol. a. Med. **84**, 336 (1953).

[12] BARNICOT, N. A.: J. Anat. **82**, 233 (1948).

[13] HARKNESS, R. D., A. M. MARKO, H. M. MUIR and A. NEUBERGER: Biochemic. J. **56**, 558 (1954).

[14] CLIFTON, E. E., and G. R. DOWNIE: Proc. Soc. Exper. Biol. a. Med. **73**, 559 (1950).

[15] SHERRY, S., W. TROLL and E. D. ROSENBLUM: Proc. Soc. Exper. Biol. a. Med. **87**, 125 (1954).

[16] BOWES, J. H., R. G. ELLIOTT and J. A. MOSS: Biochemic. J. **61**, 143 (1955).

[17] CONSDEN, R., and R. BIRD: Nature (London) **173**, 996 (1954).

[18] DE BALLIS, R., I. MANDL, J. D. MACLENNAN and E. L. HOWES: Nature (London) **174**, 1191 (1954).

[19] MANDL, I., J. D. MACLENNAN and E. L. HOWES: J. Clin. Invest. **32**, 1323 (1953).

[20] GROSS, J.: Ann. N. Y. Acad. Sci. **56**, 674 (1953).

[21] Keech, M. K.: Ann. Rheum. Dis. **14**, 19 (1955).
[22] Jackson, D. S.: Biochemic. J. **56**, 699 (1954).
[23] Holder, E. J.: Desirable factors in surgical sutures. London: William Blackwood & Sons Ltd. 1946.

Diskussion

Wassermann (Chikago): Vielleicht darf ich einige wesentliche Fragen, die Herr Glynn in seinem Vortrag behandelt hat, für die Diskussion herausstellen. Eine betrifft das anscheinend widerspruchsvolle Verhalten der kollagenen Faser. Auf der einen Seite ist sie außerordentlich stabil, so daß nach Prof. Randall ihre Mikrostruktur nach 10000jährigem Lagern im polaren Eis unverändert ist. Andererseits können die Fasern nicht nur bei den sog. Kollagenerkrankungen, sondern auch — wie ich Ihnen heute früh angedeutet habe — unter physiologischen Bedingungen leicht abgebaut werden.

Herr Glynn nimmt an, daß zuerst eine Veränderung am Kollagen vorausgehen muß, damit die im Gewebe vorhandenen Proteinasen oder die Kollagenase es angreifen können.

Glynn: The collagenase itself can act directly on native collagen.

Wassermann: Während das Kollagen, um der Trypsinwirkung zugänglich zu werden, zuerst irgendwie verändert sein muß, scheint die Kollagenase, ein Ferment von größerer Aktivität, imstande zu sein, es direkt anzugreifen. Woher kommt die Kollagenase? Kommt sie im Gewebe überhaupt vor? Beim physiologischen Abbau, von dem wir gesprochen haben — so auch im Uterushorn des Kaninchens — kommen Bakterien als Quelle der Kollagenase nicht in Frage.

Glynn: Collagenase does not occur in mammalian tissues or tissue fluids. The proteolytic enzymes present are incapable of attacking native collagen: that is why I have suggested that some attack on the stabilising factors precedes the action of the tissue proteases.

Wassermann: Damit kommen wir zur zweiten Frage. Die Hydrolyse der kollagenen Fibrillen spielt sicher eine große Rolle, wenn ein Organ zusammen mit seinem bindegewebigen Stroma wächst, sei es eine Drüse oder ein Tumor, immer müssen Abbau und Wiederaufbau des Bindegewebes mit dem Parenchymwachstum Schritt halten.

Herr Glynn hat die Kittsubstanz in den kollagenen Fasern noch mehr in den Vordergrund gestellt, als ich es heute früh tat. Wenn ich Sie richtig verstanden habe, nehmen Sie an, daß die Mucoproteide der Kittsubstanz zuerst abgebaut werden müssen, damit das Kollagen für die Enzyme angreifbar wird. Denken Sie dabei an das Vorhandensein eines Polysaccharid-Kollagen-Komplexes? Auch die Frage von Untereinheiten in der Mikrofibrille scheint in diesem Zusammenhang wieder aufzutauchen.

Glynn: Yes. I think it quite probable that collagen does exist as a complex with a muco polysaccharide.

Hoffmann-Ostenhof (Wien): Ich habe vor einigen Jahren mit einer bakteriellen Kollagenase gearbeitet und festgestellt, daß dieses Ferment nicht nur Kollagen, sondern auch andere Proteine angreift. Das würde dafür sprechen, daß es eine Proteinase gewesen ist. Es hat sich um ein reines, serologisch einheitliches Protein gehandelt. Deswegen glaube ich nicht, daß es sich bei der Kollagenasewirkung um etwas anderes als um eine Proteinasewirkung handelt.

GLYNN: McLagan has recently shown that by fractional precipitation of the crude enzyme collagenase can be obtained completely free of proteinase. Such a preparation caused rapid solution of native collagen but was without action on fibrin.

HOFFMANN-OSTENHOF: You mean that the serological homogeneity doesn't mean anything ?

GLYNN: Serological homogeneity does not exclude the presence of more than one protein. It is well known that different proteins can move as one band in an electric field. For example many different proteins immunologically distinct can be found in the γ-globulin of a single specimen of serum.

GRASSMANN (Regensburg): Es ist sicher, daß Trypsin und Kollagenase vollkommen verschiedene Fermente sind, die auf ganz verschiedene Weise angreifen. Bis jetzt hat man Kollagenase nur aus Bakterien isoliert. Die Frage, ob in Stadien, in denen Kollagen in vivo sehr rasch abgebaut wird, Kollagenase als solche auftritt, scheint mir bis jetzt noch nicht geprüft und erst recht nicht beantwortet zu sein. Bei Ihren Ergebnissen hat mich eines noch sehr gewundert, nämlich, daß auch hitzegeschrumpftes Kollagen, das von Trypsin spielend verdaut wird, offenbar nicht oder nur außerordentlich langsam resorbiert wird.

GLYNN: I do not know the conditions and whether there is a collagenase in the body. All I am suggesting is that there is some mechanism which we don't understand yet. It attacks the mucopolysaccharide which is the stabilising factor. In vivo when collagen is being rapidly removed something acts on this stabilising material. We know of only two factors or experiments which do it, apart from collagenase; one is heat but heat of such a degree that it is outside the physiological range; so we can exclude that; and the other is oxidation of mucopolysaccharide by periodate. We are not suggesting that it is periodate in vivo but what I am suggesting is that it is another oxidative mechanism within the physiological range that probably attacks this cement, and once this cement has been attacked the rest of the structure is now susceptible to the action of the tryptic enzymes.

GRASSMANN: This action is very specific of oxidative agents but I don't believe that there is an oxidative mechanism in the body which destructs native polysaccharides. We only know about the oxidation of single monosaccharides but not of polysaccharides.

GLYNN: I used the term oxidation in a very general way. Maybe the mucopolysaccharide is depolymerised first by some phosphorylating mechanism. I don't know. I only wanted to emphasize that some kind of metabolic breakdown of the cement substance precedes the direct enzymatic attack on the collagen polypeptide chains.

DUSPIVA (Heidelberg): Nach einer Arbeit von HOPSEN kommt auch in den Larven gewisser Fliegenarten eine sehr aktive Kollagenase vor; diese wurde sogar von einem trypsinartigen Ferment, das gleichzeitig im Darm dieser Larve auftritt, abgetrennt. Es könnte sich hierbei auch wieder um symbiontische Bakterien gehandelt haben.

GRASSMANN: Ich glaube, es hat noch niemand wirklich systematisch untersucht, ob im Organismus unter bestimmten — sagen wir einmal pathologischen — Bedingungen an irgendwelchen Stellen eine echte Kollagenase vorkommt. Ich halte das für sehr wahrscheinlich.

GIBIAN (Berlin): Ich glaube, es ist wichtig, daran zu erinnern, daß die Wirkung der Kollagenase im allgemeinen an der Verflüssigung des Kollagens, also an der Viscositätsabnahme gemessen wird. Was da nun chemisch geschieht, hat noch keiner wirklich festgestellt, und bevor man die Kollagenase als Proteinase oder Nicht-Proteinase bezeichnet, müßte man erst einmal die dazugehörigen Substrate finden und chemisch untersuchen. Es ist auch meines Wissens vorläufig Theorie, daß die Kittsubstanzen des Bindegewebes alle Mucopolysaccharide sind, und ganz unsicher, ob auch Proteinkomponenten mitwirken. Das einzige, was man bisher in diesem Bereich wirklich in der Hand hat, ist die Hyaluronsäure, die Chondroitinschwefelsäure und das dazugehörige, einigermaßen gereinigte Ferment, die Hyaluronidase; die aber, wie ich verstanden habe, nur in den höheren Einheiten verwirklicht ist.

WASSERMANN: Man müßte da wohl eine Nomenklatur-Frage berühren, die von den Histologen oft nicht beachtet wird. Wir sprechen von Mucopolysacchariden und Mucoproteiden. Wenn wir von Mucopolysacchariden sprechen, meinen wir doch die Kohlenhydrate, während Mucoproteide Kohlenhydrat-Eiweißverbindungen sind, die vielleicht das Wesentliche der Kittsubstanzen darstellen. Bei der Degradation oder dem Abbau der Kittsubstanz könnten die Proteine von den Polysacchariden getrennt werden.

HOFFMANN-OSTENHOF: Können wir nicht ohne die zweifellos sehr interessante, aber doch umstrittene Theorie, daß die Mucopolysaccharide die Kittsubstanz des Kollagens darstellen, auskommen ? Wir können uns nämlich vorstellen, daß das Kollagen wie so manche anderen nativen Eiweißstoffe durch Trypsin einfach nicht angegriffen wird, und daß durch spezifische Proteolyse — sei es durch Kollagenase oder irgendein anderes Ferment im tierischen Organismus — der strenge Aufbau des Kollagens, der den tryptischen Abbau verhindert, plötzlich aufgebrochen wird, und das Kollagen dem Abbau anheimfällt.

GLYNN: As to acid soluble collagen, one finds that it is different in composition from mature insoluble collagen in that it has less carbohydrate, less dextrose after hydrolysis and less tyrosine and the suggestion is, that the soluble collagen is more soluble because it lacks the polysaccharide and tyrosine component which is present in the native collagen. The fact that one can get collagen showing the typical electronmicroscopic picture with the 640 Å banding by salt precipitation of acid soluble collagen and that it is largely deficient in tyrosine and poor in polysaccharide suggests that the other forms of collagen contain the major part of their polysaccharide and tyrosine as a distinct entity, i. e. distinct from the 640 Å banded fibres. They must, therefore, be present in the interfibrillar cementing substance.

GIBIAN: The collagenase must act on the summarized part of the complex, on protein and mucopolysaccharide, but I think it still remains to be proven, whether the collagenase is a proteinase or not.

GLYNN: The immediate problem for us to investigate by studying the solution of collagen by collagenase is what constituent of collagen is being primarily attacked. Since electron microscopy of the partly digested substrate reveals disintegration of the banded fibrils into smaller banded units, it appears that these sub-fibrillar units are themselves held together by a cement substance susceptible to the action of the enzyme. We do not claim to have proved that collagenase acts upon a muco-polysaccharide substrate but that study of collagen brought into solution by purified collagenase should provide the evidence required.

NETTER (Kiel): Es sieht so aus, als handele es sich um eine adaptive Fermentbildung im Gewebe. Man müßte ein Homogenat aus dem zu untersuchenden Gewebe herstellen und prüfen, ob die Kollagenfaser angegriffen wird. Dann reizt man das Gewebe durch Implantation einer Faser, d. h. also, man versucht, die adaptive Fermentbildung hervorzurufen. Nach einer gewissen Zeit prüft man die Implantationsstelle wieder, um festzustellen, ob inzwischen eine Kollagenase aufgetreten ist.

LOHMANN (Berlin): Could there be some kind of interlocking or correlation binding between the carbohydrates and the amino acids of the protein and can the collagenase act as an esterase or carbohydrase which splits this linkage ?

GRASSMANN: Ich möchte einen lang zurückliegenden Versuch von uns erwähnen, der vielleicht darauf hinweist, daß diese Frage der enzymatischen Angreifbarkeit manchmal viel unkomplizierter ist. Behandelt man Kollagen mit Pepsin, so wird es abgebaut. Unter den Bedingungen der Pepsinwirkung kommt es zu einer enormen Quellung, weil man bei $p_H 2$ arbeitet; durch Zusatz von 5—10% Kochsalz kann man aber diese Quellung unterdrücken; ein Kunstgriff, dessen sich die Gerber seit langer Zeit bedienen. In Gegenwart des Kochsalzes finden Sie keine Spaltung durch Pepsin; es sieht also so aus, als ob einfach der Quellungszustand der Faser für ihre Angreifbarkeit durch Pepsin entscheidend sei.

FISCHER (Frankfurt a. M.): Bindegewebe besteht nicht nur aus Fibrillen und Grundsubstanz, sondern vor allem auch aus Zellen. Von diesen haben wir heute noch sehr wenig gehört. Es müßte interessant sein, etwas über ihren Stoffwechsel und seine Veränderungen, z. B. während einer Entzündung, zu erfahren. Zu vermuten ist, daß die Atmung weitgehend durch die aerobe Glykolyse ersetzt wird, wie das für „gereizte" Zellen typisch zu sein scheint. Das angeschnittene Problem läßt sich meines Erachtens leicht beantworten, denn mit Hilfe der von SELYE angegebenen „Granuloma-Pouch-Technique" kann man entzündliches Granulationsgewebe in fast beliebiger Menge erhalten.

WASSERMANN: Die Erwähnung cellulärer Fragen bringt uns zum Bewußtsein, wieviel auch sonst noch vom Bindegewebe und den Stützsubstanzen heute nicht besprochen werden konnte. Das Wasserbindungsvermögen und die Permeabilität der Grundsubstanz sind kaum erwähnt und von den chemischen Substanzen der Grundsubstanz nur diejenigen behandelt worden, die heute im Vordergrund stehen, und die man als die wesentlichsten bezeichnet: die Mucopolysaccharide und die dazugehörigen Fermente.

Während wir vom Abbau der kollagenen Fasern nur sehr wenig wissen, haben wir deutlichere Vorstellungen vom Abbau des Knochens. Bei diesem rechnen wir mit einer Aktivität der Osteoclasten. Beim Knochenabbau handelt es sich nicht nur um eine Auflösung der Mineralien, sondern auch um die Befreiung und Auflösung der kollagenen Fasern des Knochens, also um Vorgänge wie bei der Fibrolyse im Bindegewebe. Es wäre von großem Interesse, zu wissen, inwieweit der Osteoclast auch in dieser Richtung wirksam ist, und ob auch bei der Fibrolyse eine celluläre Wirkung in Rechnung zu setzen ist. Ist es möglich, daß die Mesenchymzelle, die im embryonalen Zustand zum Fibroblasten und dann zum Fibrocyten wird, unter gewissen Umständen sich in einen Fibroclasten verwandeln kann?

RAPOPORT (Berlin): Was weiß man über die Beziehungen der Bindegewebe zu den elastischen Fasern noch?

GRASSMANN: Von den Elastasen kann ich Ihnen nur sagen, daß sie Elastin direkt angreifen, Kollagen aber nur dann, wenn es vorher hitzedenaturiert ist. Wir befassen uns z. Z. mit diesen Vorgängen, konnten aber die Angaben von anderen, daß dabei reduzierende Kohlenhydrate in Freiheit gesetzt würden, bis jetzt nicht bestätigen.

GIBIAN: Ist das Elastin vom Kollagen völlig verschieden, so daß es nicht aus diesem entstehen kann?

GRASSMANN: Die chemische Verschiedenheit ist sogar enorm. Das Elastin ist sehr reich an etwas langkettigen Monoaminosäuren, Leucin usw. und ausgesprochen ärmer an Prolin als das Kollagen. Es enthält nur Spuren von Oxyprolin.

Stoffwechsel des Knochengewebes

Von

Ernst Schütte

Physiologisch-chemisches Institut der Freien Universität Berlin

Das Knochengewebe ist gegenüber anderen Geweben ausgezeichnet durch zwei Eigenschaften: Härte und Formbeständigkeit, beide bedingt durch eine auffällige Ansammlung fast unlöslicher Kalksalze. Gleich erhebt sich die Frage, durch welche Stoffwechselprozesse diese Besonderheit des materiellen Aufbaus zustandekommt. Durch sie ist der Knochen das einzige Gewebe, das, gegen Verwesung und Verwitterung beständig, Form und Struktur auch nach dem Tode bewahrt.

Der Knochen besteht jedoch keineswegs nur aus unlöslicher Mineralsubstanz. Diese macht nur etwa 50% des Frischgewichtes aus. 30% kommen auf organische Substanz, 20% auf Wasser.

An Formgebung und Formhaltung sind sowohl organische Grundsubstanz als auch anorganische Hartsubstanz gleichermaßen beteiligt.

Durch Glühen oder vorsichtiger durch Kochen mit Alkali-Glycerin wird die organische Substanz zerstört, und wir erhalten einen rein anorganischen Knochen, formbeständig und hart, aber spröde und ohne jene Elastizität, die den natürlichen Knochen auszeichnet.

Andererseits können wir die Mineralstoffe mit verdünnten Säuren aus dem Knochen herauslösen und erhalten einen nur aus organischer Substanz bestehenden biegsamen, plastischen, aber doch formbeständigen „Knochen“. Nur Härte und Druckfestigkeit hat er mit der Extraktion der Mineralsubstanz eingebüßt.

Als primäres Bauelement dürfen wir wohl die organische Matrix annehmen. Sehen wir doch die Osteoblasten zunächst eine organische Intercellularsubstanz abscheiden, die sekundär durch Mineralisation erst verknöchert. Bei der Rachitis sehen wir nur

den letzteren Vorgang gestört, während die Bildung an sich ver-
knöcherungsfähiger Grundsubstanz weitergeht.

Die Bestandteile der organischen Matrix

Hawk und Gies[1] isolierten 1901 ein Glykoproteid, das sie
Osseomucoid nannten. Hisamura[2] zerlegte es in zwei Komponenten, von denen neben Hexosamin die eine Glucuronsäure, die
andere Galaktose enthielt. Masamune[3] wies 1951 Glucosamin
und Galaktosamin papierchromatographisch nach. Rogers[4]
isolierte 1951 eine Substanz, die Galaktosamin, Glucuronsäure
und Schwefelsäure in äquimolekularen Mengen enthielt, wahrscheinlich Chondroitin-Schwefelsäure. Eastoe[5] extrahierte aus
demineralisiertem Knochen einen Mucopolysaccharid-Protein-
Komplex, in dessen Hydrolysat Glucosamin, Galaktosamin, Uronsäure, Galaktose und wenig Mannose und Xylose papierchromatographisch gefunden wurden. Glegg und Eidinger[6] fanden
Fucose, Mannose, Galaktose, Glucuronsäure, Galaktosamin und
Glucosamin. Sie gewannen aus dem Extrakt von decalcifiziertem
Knochen durch Fraktionierung mit Alkohol zwei Fraktionen, von
denen die eine Glucuronsäure und Galaktosamin enthielt, die
andere Fucose, Mannose und Glucosamin, also wahrscheinlich die
eine ein saures, die andere ein neutrales Mucopolysaccharid.
Ähnliche Fraktionen sind auch aus Trachealknorpel erhalten
worden.

Die Möglichkeit, aus diesen analytischen Daten auf das Vorliegen bestimmter saurer oder neutraler Mucopolysaccharide in
der Knochenmatrix zu schließen, findet ihre enge Begrenzung in
den Schwierigkeiten, definierte Mucopolysaccharide analytisch
rein darzustellen. So bleibt es unsicher, ob die im Hydrolysat
festgestellten Monosen aus Mucopolysacchariden oder aus dem
Kohlenhydratanteil des Kollagens stammen. Ich verweise auf die
Ausführungen von Herrn Jorpes.

Den anderen Hauptbestandteil der Matrix bildet das Kollagen.
Im Gehalt an den einzelnen Aminosäuren, in der optischen Aniso-
tropie der Fibrillen, im elektronenmikroskopischen Bild und im
Röntgendiagramm stimmt das Kollagen aus der Knochenmatrix
mit dem aus anderen Geweben so weit überein, daß im allgemeinen
Identität der verschiedenen Kollagene angenommen wird.

Bemerkenswert ist, daß 90—96% des Gesamtstickstoffs im Knochen auf Kollagenstickstoff kommen. Nur ein unverhältnismäßig kleiner Anteil von 4—10% bleibt für die Proteine der Osteocyten übrig, die allein Träger von Stoffwechselvorgängen sein können.

Diese beiden hochpolymeren Substanzen, Chondroitin-Schwefelsäure und vielleicht noch andere Mucopolysaccharide einerseits und das fibrilläre Skleroprotein Kollagen andererseits bilden die organische Grundsubstanz des Knochens. Für einige besondere Eigenschaften derselben dürfte in erster Linie das Kollagen verantwortlich sein, nämlich für die Formbeständigkeit, die Elastizität und die Quellbarkeit des entkalkten Knochens.

Es drängt sich die Frage auf, ob und welche ordnenden Beziehungen zwischen diesen beiden Stoffen im lebenden Gewebe bestehen. Aus dem einstweilen vorliegenden experimentellen Material ist diese Frage nicht eindeutig zu beantworten. Bei der präparativen Darstellung von Mucopolysacchariden wie Hyaluronsäure oder Chondroitin-Schwefelsäure erhält man das Mucopolysaccharid zunächst in mehr oder weniger fester Bindung an Protein als mucin-clot. Der Einwand, daß es sich um bei der Aufarbeitung erst entstandene Kunstprodukte handele, ist nicht ohne weiteres zu entkräften. EASTOE[5] extrahierte jedoch einen solchen Mucopolysaccharid-Proteinkomplex aus demineralisiertem Knochen mit halbgesättigter Calciumhydroxydlösung, der bei Ansäuern ausfiel und immerhin so beständig war, daß er durch Umfällen gereinigt werden konnte. Bei dem Reichtum an polaren und anderen reaktionsfähigen Gruppen, der beide Substanzklassen auszeichnet, ist es durchaus wahrscheinlich, daß definierte Beziehungen zwischen Mucopolysacchariden und Proteinen auch im natürlichen Verband des Gewebes vorliegen. Für solche Beziehungen sprechen auch experimentelle Beobachtungen über den Einfluß von Mucopolysacchariden auf die Fibrillogenese des Kollagens. JACKSON[7] sah nach Versetzen einer Kollagenlösung mit Chondroitin-Sulfat eine fibrilläre Ausfällung von Kollagen, HIGHBERGER und Mitarbeiter[8] nach Zusatz von Serumglykoproteiden. RANDALL und Mitarbeiter[9] sahen in embryonalen Geweben mit hohem Mucopolysaccharidgehalt schneller eine fibrilläre Differenzierung des Kollagens auftreten als in Geweben mit geringem Mucopolysaccharidgehalt. Andererseits konnten

MANCINI und DE LUSTIG[10] in Fibroblastenkulturen die Fibrillogenese durch Zusatz von Hyaluronidase verhindern, und JACKSON[7] erhielt nach Behandlung von Bindegewebe mit Testes-Hyaluronidase eine höhere Ausbeute an löslichem Kollagen.

Vergleichen wir nun den Aufbau der Knochenmatrix mit dem der Grundsubstanz des Knorpels, so können wir keine deutlichen Unterschiede feststellen: hier wie dort Chondroitin-Schwefelsäure und Kollagen. Die Frage nach der Ursache der Mineralisierung des Knochengewebes ist also aus der Zusammensetzung der Matrix nicht ohne weiteres zu beantworten. Die Frage, warum mineralisiert die Grundsubstanz des Knochens, wird ergänzt durch die andere Frage, warum mineralisiert die Grundsubstanz des Knorpels nicht oder jedenfalls nicht ohne weiteres.

Zusammensetzung und Aufbau der Knochenmineralien

Mineralstoffanalysen von Knochenfrischsubstanz schwanken in recht weiten Grenzen, hauptsächlich wegen des sehr wechselnden Gehaltes an Wasser, auch an organischer Substanz. Vergleicht man jedoch die Mineralstoffanalysen gleichartig vorbereiteter anorganischer Skeletsubstanz, so stimmen sie in den Werten für Calcium, Phosphat und Carbonat in den Knochen der verschiedensten Tiere recht gut überein. Die molaren Verhältnisse Calcium zu Phosphat zu Carbonat verhalten sich dabei aufgerundet wie $10:6:1$.

Tabelle 1. *Phosphat/Carbonat-Verhältnis in verschiedenen Mineralisationsprodukten*
Die Zahlen geben das Verhältnis $PO_4 : 2\,CO_3$ nach SOBEL[25]

Knochen in vivo	1,88—4,24
Knochen in vitro*	1,85—4,18
Dentin	3,52—9,31
Schmelz	2,08—10,3

* Zeile 1 gibt die Werte für natürlichen Knochen, Zeile 2 für in vitro erhaltene Mineralisationen.

Die Konstanz dieser Werte hat schon früh dazu geführt, daß man einen gleichbleibenden Aufbau der Knochenerde aus bestimmten Salzen diskutierte.

Größere Schwankungen weist nur der Carbonatgehalt auf, vor allem, wenn man die Zusammensetzung der Mineralsubstanz bei Dentin und Schmelz und die Verhältnisse bei Fischen und Reptilien zum Vergleich heranzieht. Das Phosphat-Carbonat-Verhältnis kann dabei in ziemlich weiten Grenzen streuen, wie Tabelle 1 zeigt.

Außer Calcium, Phosphat und Carbonat kommen in der Knochenerde noch regelmäßig Magnesium, Natrium, Kalium, Eisen und Citrat vor. Nimmt man an, daß ein Teil des Carbonates als Alkalicarbonat und ein anderer, größerer Teil als Calciumcarbonat vorliegt, so errechnet man einen Überschuß basischer Äquivalente, der die Annahme eines basischen Calciumphosphates der Zusammensetzung

$$[Ca_3(PO_4)_2]_3 \cdot Ca(OH)_2 = Ca_{10}(PO_4)_6 \cdot (OH)_2 \,,$$

also eines sog. Hydroxylapatites nahelegt. Auch das ist eine recht alte Vorstellung, die auf JONG[11], KLEMENT[12] u. a. zurückgeht. Sie findet eine gewichtige Stütze in den Röntgendiagrammen nach DEBYE-SCHERRER.

Weiter spricht für die Apatitstruktur die von TRÖMEL und MÖLLER[13] 1924 festgestellte Tatsache, daß bei der Fällung von Calciumchlorid mit Alkaliphosphat nicht tertiäres Phosphat entsteht, sondern ein basisches Phosphat, das nach Zusammensetzung und Röntgendiagramm einem Hydroxylapatit entspricht.

Die sekundären und tertiären Calciumphosphate werden entsprechend den Dissoziationskonstanten der II. und III. Stufe der Phosphorsäure hydrolytisch zersetzt. So entsteht sowohl aus dem sekundären wie auch aus dem tertiären Phosphat in wäßriger Lösung stets der basische Hydroxylapatit.

Zu erklären bleibt dann noch der Carbonatgehalt der Knochenerde, der zwischen 2 und 6% der anorganischen Substanz beträgt. KLEMENT[12] erhielt in Modellversuchen einen Hydroxylapatit mit 6% Calciumcarbonat sowohl bei der Fällung von Calcium mit bicarbonathaltigem Natriumphosphat in Tyrodelösung bei 37°, als auch durch einfaches Digerieren von sekundärem Calciumphosphat in Tyrodelösung. Im Laufe einiger Wochen stieg der Carbonatgehalt des Bodenkörpers allmählich an und das $Ca:PO_4:CO_3$-Verhältnis näherte sich dem des Knochenminerals (s. Tab. 2).

Es liegen also eine Reihe gewichtiger Argumente für die Annahme der Apatitstruktur vor.

Auf der anderen Seite gibt es Beobachtungen, die mit der Annahme eines einheitlichen Apatites nicht vereinbar sind.

Da ist zunächst das abweichende Löslichkeitsverhalten zu erwähnen. Calcium, Phosphat und Carbonat gehen nämlich in anderen Proportionen in Lösung, als in der Skeletsubstanz vorliegen. Es löst sich viel weniger Phosphat und viel mehr Carbonat (KLEMENT[12], CARTIER[14, 15] u. a.). Beim Erhitzen gibt die Knochenerde bei 700° Kohlendioxyd ab. Das spricht für das Vorliegen von selbständigem Calciumcarbonat und in der Tat ist schon sehr früh und immer wieder bis in unsere Zeit die Auffassung vertreten worden, daß die Mineralsubstanz des Knochens aus einem Gemisch von tertiärem Calciumphosphat und Calciumcarbonat bestünde. Dem steht entgegen, daß Calciumcarbonat im

Tabelle 2. *Molare Verhältnisse von Ca:PO₄:CO₃ im Calciumphosphatniederschlag in bicarbonathaltigem Medium und in den Knochenmineralien*

	Ca	PO₄	CO₃
Niederschlag	1	0,571	0,103
Knochen . .	1	0,552	0,093

Röntgendiagramm nie nachgewiesen werden konnte, ferner auch die Unbeständigkeit von tertiärem Calciumphosphat in wäßriger Lösung.

Es darf auch darauf hingewiesen werden, daß die Untersuchungen über Austausch und Rekristallisation mit radioaktivem Phosphat bzw. radioaktivem Calcium in vitro an Knochenpulver und an Hydroxylapatiten quantitativ und qualitativ gleiche Resultate ergeben haben (NEUMAN[16]).

Auch die Beobachtungen über das Verhalten des Fluors im Knochenstoffwechsel würden sich mit der Annahme eines Hydroxylapatites gut vertragen. Da Fluorapatit und Hydroxylapatit isomorph sind, könnte Fluor Mischkristalle mit dem Hydroxylapatit bilden, womit seine leichte und schnelle Aufnahme einerseits und sein fester Stand in der Knochensubstanz andererseits gut übereinstimmen würden.

Zur Zeit wird die von HENDRIKS und HILL[17] 1950 entwickelte Vorstellung den Tatsachen am ehesten gerecht, nach der an die Kristalle des Hydroxylapatites durch Adsorption Calcium, Magnesium, Natrium, Kalium, Bicarbonat, Phosphat und Citrat angelagert werden.

Beziehungen zwischen Matrix und Mineralsubstanz, insonderheit zwischen Kollagen-Fibrillen und Apatit-Kristallen

Wenn auch Übereinstimmung herrscht darüber, daß die Verkalkung in der Grundsubstanz stattfindet und die Fibrillen als solche keine Hartsubstanzen einlagern, so weisen doch verschiedene Beobachtungen darauf hin, daß zwischen den Fibrillen und der anorganischen Substanz bestimmte Beziehungen bestehen.

Die kollagenen Fasern sind anisotrop, und da sie im Knochengewebe in bestimmter Weise angeordnet sind, zeigen auch Knochenschliffe bzw. Schnitte von entkalktem Knochen im Polarisationsmikroskop Doppelbrechung. Dabei erscheinen infolge der zueinander senkrechten Anordnung der kollagenen Faserbündel in aufeinanderfolgenden Lamellen die HAVERSschen Systeme im Querschnitt des lamellären Knochens besonders markant. Zerstört man die organische Substanz und damit auch die kollagenen Fasern im Knochenschliff durch Glühen, so verschwindet die Doppelbrechung gleichwohl nicht, sondern sie bleibt, wenn auch mit umgekehrtem Vorzeichen, erhalten. Da die Ordnung der Fibrillen das Primäre ist, müssen sie also ihre molekulare Ordnung, die in der Anisotropie zum Ausdruck kommt, auf den Bau der Hartsubstanz übertragen haben, d. h. die Fibrillen müssen auf das Wachstum der Kristalle einen richtenden Einfluß ausgeübt haben. Elektronenoptische Untersuchungen weisen auf Möglichkeiten solchen Einflusses hin.

Die kollagenen Fibrillen zeigen im Elektronenmikroskop helldunkle Querstreifung. Diese Querbänder bilden regelmäßige Perioden von 640 Å. Beim Einlegen der kollagenen Fasern in verdünnte Säuren oder Laugen quellen hauptsächlich diese dunklen Querbänder, an denen auch Osmium und Wolframsäure gebunden werden. BEAR[18] schloß daraus, daß in den dunklen Querbändern die polaren Aminosäuren plaziert sind. Durch Salzbindungen würde es dort zu stärkerer Packung und dadurch zu größerer optischer Dichte kommen. ROBINSON und WATSON[19, 20] sahen bei der Verkalkung im Elektronenmikroskop als erstes periodische anorganische Verdichtungen im Bereich der dunklen Querbänder. Nach dem BEARschen Kollagenmodell könnten die dort gehäuften polaren Gruppen zu einer Konzentration von Ionen führen, so daß es dort zum ersten Auskristallisieren käme. Später wachsen die

Kristalle und reichen dann über mehrere Perioden hinweg. Mit zunehmendem Alter werden die Fibrillen breiter und die Kristalle größer.

Mineralisierungsversuche in vitro und ihre Ergebnisse

Wenden wir uns zunächst den Experimenten zu, die in vitro angestellt wurden, um dem Problem der Mineralisierung näherzukommen. Als geeignetes biologisches Testobjekt benutzt man Epiphysenknorpel, insonderheit den hypertrophischen Epiphysenknorpel der rachitischen Ratte.

FREUDENBERG und GYÖRGY[21] fanden, daß solcher Knorpel erst nach Einlegen in eine Calciumchloridlösung unter Aufnahme von anorganischem Phosphat mineralisiert. ROCHE[22] kam in seinen Experimenten auch in der umgekehrten Reihenfolge zum Erfolg. NEUMAN und BOYD[23] haben diesen Widerspruch aufgeklärt und zugleich einen Beitrag zur Frage nach dem Mechanismus der Calciumbindung geliefert.

Sie behandelten Knorpel mit Ammonium-sequestren (Äthylendiamin-tetraessigsäure), wodurch sein Ca-gehalt auf $2,5 \times 10^{-4}$ mVal pro g TS zurückging. Dieser Knorpel konnte danach 1 mVal Calcium oder Barium oder Natrium pro g TS aufnehmen, Phosphat aber erst, nachdem Calcium aufgenommen worden war. Phosphat wurde dabei in einem dem Apatit entsprechenden Ca/P-Verhältnis aufgenommen. Danach konnte noch weiteres Calcium und darauf auch wieder zusätzliches Phosphat angelagert werden.

Wurde der mit Sequestren entkalkte Knorpel zusätzlich noch mit einer Kaliumcarbonat-Kaliumchloridlösung extrahiert, wodurch ein großer Teil der Chondroitin-Schwefelsäure gelöst wird, so sinkt die maximale Calciumaufnahme auf etwa die Hälfte ab.

SOBEL[24] fand, daß man die Mineralisierungsfähigkeit des Knorpels reversibel blockieren kann. Rachitische Knorpelschnitte wurden in Lösungen gelegt, die außer 150 mVal Calciumchlorid pro Liter noch enthielten:

	0,1	mVal	Berylliumchlorid
oder	0,5	,,	Kupferchlorid
oder	10	,,	Magnesiumchlorid
oder	25	,,	Natriumchlorid
oder	200	,,	Strontiumchlorid
oder	400	,,	Kaliumchlorid.

Die danach kurz gewaschenen Schnitte verkalkten nicht mehr in einer Lösung von 10 mg-% Calcium und 5 mg-% Phosphat bei p_H 7,8 und 37° in 18 Std. Wurden die Schnitte aber nach dem Inaktivierungsbad längere Zeit mit Calciumchlorid geschüttelt, so gewannen sie ihre Mineralisierungsfähigkeit zurück.

Auch mit Protamin oder Toluidinblau konnte die Minerali-sierungsfähigkeit gehemmt werden. Die Toluidinblau-Hemmung konnte durch den sauren Farbstoff ZB-Orange aufgehoben werden, während saure Farbstoffe für sich allein wirkungslos sind[25].

Auch bei Knorpelschnitten, die mit destilliertem Wasser ge-kocht worden waren, konnte die Mineralisierungsfähigkeit durch Schütteln mit Calciumchloridlösung wieder hergestellt werden.

Diese Experimente beweisen,

daß verknöcherungsbereiter Knorpel die Fähigkeit besitzt, Calcium zu binden,

daß die Calciumanreicherung Vorbedingung für die Phosphat-aufnahme ist,

daß der Vorgang thermostabil, also fermentunabhängig ist,

daß der Calciumacceptor durch andere Kationen, anorganische oder organische, blockiert, aber durch hohe Calciumkonzentratio-nen wieder regeneriert werden kann.

Die oben erwähnten Versuche von BOYD und NEUMAN[23], in denen mit Sequestren vorbehandelte Knorpelschnitte mit Kalium-chlorid-Kaliumcarbonat-Lösung extrahiert wurden und dann ver-minderte Calciumaufnahme zeigten, weisen auch auf die mögliche Stelle der Calciumbindung hin: nämlich die Chondroitin-Schwefel-säure. Diese Vermutung wird durch mehrere andere Beobachtun-gen gestützt.

BELANGER[26] studierte die Aufnahme von ^{45}Ca in die entkalkte Matrix von Tibiaschnitten in vitro. Mit Hyaluronidase vor-behandelte Schnitte zeigten nur ein Drittel der Calciumaufnahme wie die Kontrollpräparate. Der Abbau von hyaluronidase-empfindlichen Substraten, wozu die Chondroitin-Schwefelsäure der Matrix gehört, vermindert also die Calciumaufnahme. Ebenso geht durch das Kochen der Knorpelschnitte in Calciumchlorid-lösung, wobei ebenfalls Chondroitin-Schwefelsäure in Lösung geht, die Fähigkeit zur Calciumaufnahme und zur Mineralisierung irreversibel verloren.

Endlich hat Caglioti[27] seine Infrarot-Spektrogramme in dem Sinne diskutiert, daß Calcium in der Matrix an die Sulfatgruppen der Chondroitin-Schwefelsäure gebunden wird.

Die Chondroitin-Schwefelsäure hat ja Austauschereigenschaften, die sie zur Erfüllung einer solchen Aufgabe geeignet erscheinen lassen. Sie kann erhebliche Mengen Kationen, wie Natrium oder vor allem Calcium, aufnehmen, wie der hohe Calciumgehalt des Knorpels zeigt. Der Schlüssel für das Verständnis der Mineralisierung ist hiermit jedoch noch nicht gegeben. Denn auch im Knorpel kommen große Mengen von Chondroitin-Schwefelsäure vor, auch im permanenten Knorpel finden wir einen 4—5mal so hohen Calciumgehalt wie im Serum, ohne daß es zu einer Verkalkung kommt.

Versuche von Sobel[25] über die Beziehungen zwischen Metachromasie und Mineralisierungsfähigkeit führen vielleicht weiter. Werden Knorpelschnitte 1 Std. in 38%igem Formalin oder in absolutem Methanol oder in Phenol geschüttelt, so geht ihre Mineralisierungsfähigkeit irreversibel verloren. Die Metachromasie, histochemisch als Nachweisreaktion für hochpolymere Mucopolysaccharide angesehen, ist eher noch vermehrt. Da es sich bei den angewandten Reagentien jedoch um Denaturierungsmittel handelt, darf man wohl annehmen, daß durch die Behandlung mit Formalin usw. die Beziehungen zwischen Kollagen und Chondroitin-Schwefelsäure gestört werden, und daß diese vielleicht eine besondere Rolle bei der Mineralisierung spielen. Man könnte daran denken, daß es durch Bindungen zwischen Chondroitin-Schwefelsäure und Kollagen zu Vernetzungen der Chondroitin-Schwefelsäure käme, was zu einer erheblichen Zunahme der Austauscherkapazität führen könnte, wenn man die Erfahrungen mit synthetischen Austauschern heranzieht.

In dem Maße jedoch, in dem wir auf diese Weise die Calciumkonzentration in der Matrix steigen sehen, werden die Schwierigkeiten für die gleichzeitige Anwesenheit entsprechender Phosphatkonzentrationen nur um so größer, weil eine Calciumanreicherung in der Austauscherphase entsprechend der Donnanverteilung zu einer Verminderung der Phosphatkonzentration führen muß. Maßgebend aber für die Verknöcherung muß die Erreichung eines Löslichkeitsproduktes sein, das zum Ausfallen des Salzes führt. Durch Erhöhung des einen Faktors Calcium kommt man dem

Löslichkeitsprodukt nicht näher, wenn der andere Faktor Phosphat gleichzeitig absinkt.

Welches Löslichkeitsprodukt maßgeblich ist, oder mit anderen Worten, welches von den in Frage kommenden Calciumphosphaten primär ausfällt, ist bisher noch nicht einwandfrei geklärt. Die Löslichkeitsprodukte von Hydroxylapatit bzw. von tertiärem Calciumphosphat liegen in den Größenordnungen von 10^{-23} bis 10^{-27}. Für beide würde das Serum eine vielfach übersättigte Lösung sein. Daran würde sich auch nichts ändern, wenn man die von LOGAN und TAYLOR[28] gefundene Abhängigkeit des Löslichkeitsproduktes für Hydroxylapatit von der Menge des Bodenkörpers und die danach korrigierten Werte zugrunde legen würde. Das Ausfallen von tertiärem Phosphat und erst recht das von Hydroxylapatit wäre außerdem eine Reaktion so hoher Ordnung, daß es schon aus diesem Grunde sehr unwahrscheinlich ist. Man hat die Frage zu klären versucht, indem man die Konzentrationen von Calcium und Phosphat bestimmte, bei denen es im biologischen Test am rachitischen Knorpel gerade noch zur Verknöcherung kommt oder gerade Lösung erfolgt. Danach scheint das Löslichkeitsprodukt des sekundären Calciumphosphates maßgeblich zu sein. Es wird für 37° und die Ionenstärke des Serums mit $3,4 \times 10^{-6}$ angegeben, wird im normalen Serum gerade nicht erreicht, im rachitischen Serum merklich unterschritten[29]. Der Vorgang erscheint durchaus möglich, denn frisch gefälltes sekundäres Calciumphosphat verändert sich, die Lösung wird saurer, der Bodenkörper basischer, das Ca/P-Verhältnis verschiebt sich zugunsten des Calciums, wie oben ausgeführt worden ist. Die Schwierigkeit ist nur auch hier, daß sekundäres Calciumphosphat als primäres Mineralisationsprodukt als solches nie nachgewiesen worden ist. Nur DALLEMAGNE[30] fand bei frischen Verkalkungen ein Ca/P-Verhältnis von etwa 1:1.

Außerdem findet Verkalkung in vitro keineswegs stets bei demselben Ca $\times$ PO$_4$-Produkt statt, das im Normalserum bei der üblichen Art seiner Berechnung numerisch bei 40 liegt. Embryonaler Knorpel verkalkt schon bei einem Ca/P-Produkt von 16[31], rachitischer Knorpel bei 35[32], beryllium-rachitischer bei 60[33], strontium-rachitischer gar erst bei 90[34]. Das sind Konzentrationen, wie sie in vivo niemals erreicht werden können. Diese Befunde zeigen aber,

1. daß es in dem „lokalen Faktor“ der Matrix erhebliche Variationsmöglichkeiten geben muß,

2. daß sich durch Erhöhung der Phosphatkonzentration auch ohne Bemühung von biologischen Prozessen Mineralisierung erzwingen läßt.

Die Unterschiede in den Eigenschaften des lokalen Faktors zeigen sich auch in der sehr verschiedenen Carbonataufnahme in die Hartsubstanzen von Knochen, Dentin und Schmelz, sowie von Knochen verschiedener Tiere bei gleichem Carbonat-Phosphat-Verhältnis in der Lösung bzw. im Plasma.

Die auch hier vertretene Auffassung von der Rolle der Chondroitin-Schwefelsäure für die Calciumanreicherung im Knorpel und damit für die Mineralisierung ist nicht unwidersprochen geblieben.

Nach ROBINSON und WATSON[20] hat die Chondroitin-Schwefelsäure nur die Aufgabe, die Mineralisierung kollagener Fasern zu verhindern, z. B. im Knorpel und im Bindegewebe. Die kollagenen Fasern im Knochen enthalten Galaktosaminphosphat und Citronensäure und könnten deshalb verkalken. Diese Vorstellungen gründen sich wohl mit auf die Tatsache, daß der Gehalt an Chondroitin-Schwefelsäure im permanenten Knorpel größer ist als in der Matrix des Knochens.

LOGAN[35] fand bei vergleichenden Untersuchungen, daß das Verhältnis N:S sich im Knochen auf 400 bis 200:1 erhöht gegenüber 10:1 im Knorpel, und daß diese Veränderung einhergeht sowohl mit einer Erhöhung des Stickstoffgehaltes auf das Fünffache als auch mit einem Absinken des Sulfatgehaltes auf ein Fünftel bis ein Zehntel des Gehaltes im Knorpel.

LOGAN[35] vergleicht dort jedoch reinen Knorpel mit fertigem Knochen. Aus histochemischen Untersuchungen ist aber bekannt, daß sich die Matrix des Knochens im Laufe der Alterung verändert. Während sich neu gebildetes Knochengewebe noch lebhaft mit Safranin und Fuchsin färbt, bleibt älteres farblos. Die Tatsache, daß die Matrix des fertigen Knochens relativ wenig Chondroitin-Schwefelsäure enthält, schließt also nicht aus, daß in der Verknöcherungszone im Augenblick der Mineralisierung noch große Mengen von Chondroitin-Schwefelsäure vorhanden sind. Dafür sprechen auch die Experimente von DZIEWIATKOWSKI[58].

Die Rolle der Phosphatase und der Phosphorsäureester

Wir sahen, daß eine Anreicherung von Calcium wahrscheinlich durch Austauschadsorption an Chondroitin-Schwefelsäure in der Matrix des Knochens möglich ist. In dem Maße, wie Calcium und andere Kationen jedoch im Austauscher angereichert werden, muß die Konzentration der Anionen, also auch des Phosphates, absinken. So kommt der Frage, ob durch irgendwelche Stoffwechselmechanismen eine Anreicherung von anorganischem Phosphat am Orte der Verknöcherung herbeigeführt werden kann, eine Schlüsselstellung für den Mineralisationsprozeß zu.

ROBISON[36] beobachtete, daß Stücke wachsenden Knochens aus Calcium-Hexosemonophosphat PO_4 freisetzen können, und daß darauf Calciumphosphat in der Wachstumszone abgelagert wird. In Gegenwart von Phosphorsäureestern war die Mineralisation intensiver als mit anorganischem Phosphat allein. Hohe Aktivität der alkalischen Phosphatase an Stellen der Mineralisierung und Verknöcherung wurde danach von zahlreichen Autoren beobachtet und bestätigt (BODANSKI[37], ROCHE und BULLINGER[38], HUGGINS[39,40]).

ENGEL und FURUTA[41] beschrieben das Vorkommen von Glykogen und Phosphorylase in der Wachstumszone des Knochens während der Mineralisation. Nach ROCHE[22] sollte die Phosphorylase des Knochenglykogens eine entscheidende Rolle bei der Mineralisation spielen, indem anorganisches Phosphat aus dem Blutplasma als Glucosephosphat gebunden wird und bei seiner Freisetzung durch die alkalische Knochenphosphatase zu der entscheidenden Erhöhung der Phosphatkonzentration am Mineralisationsort führt.

Histochemisch fanden MAJNA und ROUILLER[42] die größte Phosphataseaktivität in den Osteoblasten von Periost und Endost, in den jungen Osteocyten, aber auch in den Osteoclasten sowie in den Knorpelzellen des hypertrophischen Säulenknorpels, während normale Knorpelzellen, Fibroblasten vor der Umwandlung zu Osteoblasten und alte Osteocyten keine Phosphataseaktivität aufweisen. Bei Selachiern findet man die alkalische Phosphatase nur in den Zähnen, nicht aber in dem nicht verknöchernden knorpeligen Skelet (BODANSKI[37] u. a., ROCHE[22] u. a.). Bei der Knochenbruchheilung ist sie im Callus während seiner Festigung und Mineralisierung und ebenso im Blute vermehrt (BOURNE[43]).

Wir sehen also alkalische Phosphatase überall dort auftreten bzw. an Aktivität gewinnen, wo der Stoffwechsel an der Hartsubstanz des Knochens intensiviert wird, aber nicht nur im Sinne des Aufbaues, sondern auch im Sinne der Resorption, des Abbaues.

NEUMAN und Mitarbeiter[44] fanden ebenfalls Mineralisierung von rachitischen Tibiaschnitten in Lösung von Phosphatestern und ihr Ausbleiben bei Hemmung der Phosphatase durch Quecksilbersalze. Die in einem rein anorganischen Mineralisationsmedium noch vorhandene Restverknöcherung bleibt in Gegenwart von Glycerophosphat aus, wenn die Phosphatase durch Hemmung ausgeschaltet wird. NEUMAN[44] erörtert auf Grund dieses Befundes die Möglichkeit, daß die Aufgabe der alkalischen Phosphatase in der Beseitigung hemmender Phosphorsäureester liegen könne, die durch Adsorption das anorganische Phosphat von der Verknöcherungsstelle verdrängen. Es ist aber noch nicht bewiesen, ob auch andere Phosphatester die Mineralisierung hemmen.

LUTWAK-MANN wies auch im hyalinen Knorpel das Vorkommen von Phosphatase nach. Obgleich der Knorpel also Chondroitin-Schwefelsäure, angereichertes Calcium, Glykogen, glykolytischen Stoffwechsel und Phosphatasen besitzt, verknöchert er gleichwohl nicht.

Was nun den Einfluß bestimmter organischer Phosphorsäureverbindungen anlangt, so findet CARTIER[46], daß eine Verknöcherung in vitro nur in Gegenwart von Adenosintriphosphat stattfindet, und ATP-Zusatz die Verknöcherung auf das Sechs- bis Siebenfache beschleunigen kann. Da andererseits der ATP-Gehalt im Knorpel bei Rachitis nicht vermindert ist, kann aber auch das ATP nur eine mittelbare Funktion bei der Mineralisierung haben.

Eine andere organische Phosphorsäureverbindung, die im Zusammenhang mit der Mineralisierung diskutiert wird, ist das Galaktosaminphosphat. DISTEFANO[47] fand diese Substanz im Hydrolysat (6n-HCl 24 Std.) von rachitischem Rattenknorpel und von embryonalem Knorpel. Um Galaktosamin-1-Phosphat kann es sich nicht handeln, da dieses unter den Bedingungen vollständig hydrolysiert wird. Nach Einwirkung von Phosphatase ist die Substanz papierchromatographisch nicht mehr nachweisbar, und an ihrer Stelle erscheint der Flecken des Galaktosamins.

Wird rachitischer Epiphysenknorpel 12 Std. in Ca-freier Salzlösung digeriert, so verliert er seine Fähigkeit zur in vitro-Verkalkung. In seinem Hydrolysat läßt sich die als Galaktosaminphosphat angesprochene Substanz nicht mehr nachweisen. Digeriert man den Knorpel jedoch mit einer 2,5 molaren Calciumchloridlösung, so bleibt Galaktosaminphosphat nachweisbar und die Fähigkeit zur Mineralisierung erhalten[47].

ATP verhält sich jedoch ganz entsprechend, so daß auch hier die experimentellen Ergebnisse zu vieldeutig sind, als daß man eine Hypothese darauf aufbauen könnte.

Einfluß der Glykolyse und des Citronensäurezyklus

Wird Glykogen aus den Knorpelschnitten durch Einwirkung von Speichelamylase entfernt, so bleibt die Mineralisierung aus[48]. Glykogen ist also notwendig, aber Glykogen allein genügt nicht. Der höchste Glykogengehalt liegt histologisch nicht eigentlich im Gebiet der Mineralisierung selbst, sondern in seiner unmittelbaren Nachbarschaft. In der Tibia von rachitischen Ratten findet die Verknöcherung, die auf Phosphatinjektionen hin erfolgt, in der Zone des größten Glykogenreichtums statt[49].

Über die Intensität des glykolytischen Stoffwechsels in der Matrix des Knochengewebes ist nichts Genaues bekannt. Das liegt an der technischen Schwierigkeit oder Unmöglichkeit, überlebende Schnitte von Knochengewebe herzustellen.

Nehmen wir zum Vergleich einige Daten von Knorpel, wo Epiphysenknorpel von verschiedenen Autoren untersucht worden ist.

Der Glykolysequotient wird angegeben zu

$$Q_G^{N_2} = 0{,}7\text{—}5.$$ Parenchymatöse Organe zum Vergleich 3—4, Milz und Hoden 8.

Sauerstoff hemmt die Glykolyse nur sehr geringfügig[51].

$$Q_G^{O_2} = 1{,}22\text{—}1{,}27.$$

Die Atmung wird angegeben mit Werten von

$$Q_{O_2} = 0{,}01\text{—}1{,}0\text{—}2{,}2.$$ Parenchymatöse Organe zum Vergleich 4—12—21.

Wir sehen also den Glykolysequotienten in derselben Größenordnung wie bei parenchymatösen Organen, die Atmung dagegen um 1—2 Zehnerpotenzen darunter bleiben. Berücksichtigen wir die Tatsache, daß in den Stützgeweben die im Stoffwechsel wenig aktive Zwischensubstanz den weitaus größten Teil der Masse ausmacht, so scheinen die Zellen des Epiphysenknorpels zum mindesten hinsichtlich der Glykolyse außerordentlich aktiv zu sein, in der Atmung anderen Zellen nicht sehr wesentlich nachzustehen. Wenn wir uns erinnern, daß im Knochen 96% des Stickstoffs auf stoffwechselinaktives Kollagen kommen, nur 5% auf Zellproteine, d. h. Fermentproteine, die den Stoffwechsel tragen, so kann also auch nur 5% der Atmung von parenchymatösem Gewebe erwartet werden. Sobel und Mitarbeiter[50] haben fast alle Enzyme der Glykolyse spektrophotometrisch nachgewiesen. Den ATP-Gehalt fanden sie mit 35 mg-% in derselben Größenordnung wie in Leber, Niere und Gehirn.

Auch hier können wohl die Beobachtungen einstweilen nur in dem Sinne erklärt werden, daß für die Mineralisierung in vivo Energiezufuhr nötig ist, d. h. daß es sich eben nicht nur um einen rein physikalisch-chemischen, sondern um einen recht komplexen biologischen Vorgang handelt.

Darauf weisen auch die Beobachtungen von Robinson, Rosenheim und anderen hin, daß die in vitro-Verkalkung durch Glykolyseinhibitoren gehemmt wird und die Hemmung durch Zugabe von Zwischenprodukten, die jenseits der gehemmten Reaktionsstufe liegen, aufgehoben werden kann[52, 53].

Von den Enzymen des Citronensäurezyklus sind Bernsteinsäuredehydrase, Aconitase und Isocitricodehydrogenase nachgewiesen worden. Die Citronensäurebildung ist in Epiphyse und Metaphyse auch im Vergleich zu Leber und Niere beachtlich. In der Metaphyse beträgt die Aconitaseaktivität etwa 25% der in der Niere. Dagegen ist die Aktivität der Isocitricodehydrogenase in allen Abschnitten des Knochens sehr gering. Dieses Mißverhältnis zwischen Citrogenase und Isocitricodehydrase in Epi- und Metaphyse machen Dixon und Perkins[54] verantwortlich für die auffällige Anhäufung von Citronensäure im Knochengewebe. Ihr Gehalt liegt dort zwischen 1—4% in der Frischsubstanz. Dickens[55] schätzt, daß 70—90% der im Organismus vorhandenen Citronensäure im Skelet enthalten sind.

Worauf die Anhäufung der Citronensäure im Knochen bzw. die geringe Aktivität der Isocitricodehydrase beruht, ist eine noch offene Frage. Setzt man Knochenpulver einem aktiven Nierenhomogenat zu, so wird der Abbau von Citronensäure völlig gehemmt. Dieselbe Hemmung wird mit Calciumionen erzielt[56].

PERKINS und DIXON[57] konnten 4 Wochen nach Entfernung der Epithelkörperchen keine Citrogenase mehr nachweisen. Trotzdem war der Citratgehalt des Knochens unverändert hoch. Das könnte in dem Sinne ausgelegt werden, daß die Citronensäure, die sich in so großer Menge im Knochen ansammelt, gar nicht unbedingt im Knochen entstanden sein muß.

Die Autoren glauben an einen Einfluß auf die Mineralisierung über die Fähigkeit der Citronensäure zur Komplexbildung mit Calcium. Dieser Einfluß ist jedoch ein negativer: 10^{-4} m Citrat $= 1,9$ mg-% hemmt die in vitro-Mineralisierung erheblich. Diese Citratmenge ist jedoch nur 0,4 mg-% Ca äquivalent, d. h. die Hemmwirkung der Citronensäure kann nicht über ihre Komplexbildung mit Calciumionen erklärt werden. Sie kann auch durch Zusatz von Magnesium nicht aufgehoben werden[54].

Sulfat-Stoffwechsel und Verknöcherung

DZIEWIATKOWSKI[58] hatte 7 Tage alten Ratten $^{35}SO_4$ intraperitoneal injiziert. Er fand schon nach 15 min in der Epiphyse Einbau von Sulfat, die höchste Konzentration in der Epi-Diaphysenlinie, der eigentlichen Verknöcherungszone. Sie erreicht dort nach 10 Std. ihr Maximum. Nach Behandlung mit Hyaluronidase verschwinden die sulfataktiven Zonen zum großen Teil (BELANGER[26]). Wurden die Knochenschnitte mit einer Lösung von Formaldehyd und Bariumhydroxyd behandelt, so geht die Chondroitin-Schwefelsäure zum großen Teil als Bariumsalz in Lösung, während anorganisches Sulfat als Bariumsulfat niedergeschlagen wird. So behandelte Knochenschnitte zeigen nur noch geringe Metachromasie. Auf diese Weise konnte DZIEWIATKOWSKI[58] das Auftreten von anorganischem Sulfat unabhängig von Chondroitin-Schwefelsäure verfolgen. Er sah 30 min nach der Injektion eine Ablagerung von anorganischem Sulfat besonders im Knochenschaft, im neu gebildeten Knochen und im Knochenmark. Dort wurde das Maximum nach 24 Std. erreicht.

Diese stark beschleunigte Sulfataufnahme in die Grundsubstanz der Verknöcherungszone zeigt, daß von einem Abbau der Chondroitin-Schwefelsäure während des Mineralisierungsvorganges keine Rede sein kann, daß im Gegenteil der Einbau von Sulfat in dieser Phase ganz besonders gesteigert wird. Anschließend scheint es allerdings zu einem Abbau der Chondroitin-Schwefelsäure, zum mindesten zu einer Desulfurierung zu kommen, wie das Auftreten von anorganischem Sulfat sowie die schon erwähnte Verschiebung des N:S-Verhältnisses zwischen Knorpel und Knochen zeigt.

Aus zahlreichen Versuchen geht hervor, daß es sich bei dem Einbau von Sulfat in Chondroitin-Schwefelsäure nicht um einen einfachen Austausch, sondern um einen enzymabhängigen Prozeß handelt. In Versuchen von BOSTRÖM[59] an Knorpelschnitten war der Sulfateinbau in die Chondroitin-Schwefelsäure vermindert, wenn die Schnitte nicht in O_2/CO_2, sondern in N_2 gehalten wurden, oder wenn die Schnitte lange lagerten und dabei mehrmals einfroren und wieder auftauten. Gekochte Knorpelschnitte, Knorpelhomogenat und reine Chondroitin-Schwefelsäure nahmen überhaupt kein Sulfat auf. Zusatz von Glucose steigerte die Sulfataufnahme um 15—20%, Zugabe von Leberextrakt um 100%. Inhibitoren, die Ferment-SH-Gruppen hemmen, verhinderten auch den Sulfateinbau in Knorpelschnitte.

BOSTRÖM[59] nimmt einen enzymabhängigen Austausch von Sulfatgruppen in der Chondroitin-Schwefelsäure an. Ebenso gut können die Beobachtungen auch im Sinne einer Sulfurierung von Chondroitin, dem hochpolymeren, sulfatfreien Analogon der Chondroitin-Schwefelsäure ausgelegt werden. Über die Natur des Fermentes bzw. etwaiger Cofermente ist noch nichts Näheres bekannt. Vielleicht kann in diesem Zusammenhang eine Substanz von Interesse werden, die STROMINGER[60] aus dem Ovidukt der Henne isolierte und als Uridin-diphosphat-N-acetylgalaktosaminsulfat aufklärte.

BOYD und NEUMAN[61] studierten an embryonalem Knorpel die Beziehungen zwischen Atmung und Sulfatfixierung. Eine geringe, von der Atmung unabhängige Sulfataufnahme findet auch bei 4° C statt. Sehr viel größer ist sie jedoch bei 37° unter aeroben Bedingungen. Zusatz von Bernsteinsäure erhöht beide Reaktionen, Malonat setzt beide herab. Hemmt man die Atmung durch Methylenblau, ist auch die Sulfataufnahme vermindert. Dinitrophenol und Ammoniummolybdat hemmen die Sulfatfixierung, lassen die Atmung aber praktisch unbeeinflußt.

Wir sehen also in der Verknöcherungszone eine gewaltige Aktivierung des Sulfatstoffwechsels, eine auffällige Steigerung des Sulfateinbaues in dieser Region und später im Laufe der Alterung des Knochengewebes einen Abbau von Chondroitin-Sulfat, erkennbar an der Verschiebung des N/S-Verhältnisses. Die experimentellen Befunde zeigen, daß dieser Sulfateinbau nicht nur von einem thermolabilen Enzym, sondern auch von erhaltener Struktur und erhaltener Koppelung zwischen Atmung und Atmungskettenphosphorylierung abhängig ist. In diesem Sinne dürfen wohl die mit Dinitrophenol erhobenen Befunde gedeutet werden.

Fassen wir die Bedingungen für die Mineralisation des Knochens zusammen, so können wir vielleicht zwei Phänomene trennen:

Die Bildung einer Grundsubstanz, die in der Lage ist, Calcium bis zum Mehrfachen der Plasmakonzentration anzureichern. Dieser Aufbau eines „lokalen Faktors" im Sinne McLEANs scheint eine erste Aufgabe des Stoffwechsels in der Verknöcherungszone zu sein.

Davon läßt sich experimentell als zweiter Schritt abtrennen die Beistellung von anorganischem Phosphat in Konzentrationen, die unter Überwindung der durch die Donnanverteilung bedingten Abdrängung des Phosphates aus der Verknöcherungszone zum Erreichen des Löslichkeitsproduktes und zum Ausfallen des primären Calciumphosphatniederschlages führt.

Beide Vorgänge scheinen voneinander unabhängig abzulaufen.

Ist die Matrix aufgebaut, so kann die Mineralisierung in vitro als ein rein „anorganischer" Prozeß zu Ende geführt werden, indem nach Anreicherung mit Calcium dem Medium eine ausreichende Menge anorganisches Phosphat zugesetzt wird, ja, sie kann durch entsprechend hohe Phosphatkonzentrationen auch in ungünstigen Fällen erzwungen werden.

In vivo ist die Möglichkeit, die Konzentration von anorganischem Phosphat in der extracellulären Flüssigkeit anzuheben, begrenzt. Es bleibt nur die Möglichkeit und vielleicht Notwendigkeit, Phosphat am Ort der Verknöcherung so zu konzentrieren, und eben das erscheint als zweite Aufgabe des Stoffwechsels bei der Verknöcherung.

Bei der normalen Knochenbildung laufen beide Prozesse kaum trennbar ineinander: die Steigerung der Stoffwechselvorgänge, die zur Bildung eines verknöcherungsbereiten Calciumacceptors führen, erkennbar an der Intensivierung des Sulfateinbaues in

Chondroitin-Schwefelsäure, und die Mineralisierung selbst, die durch ihren Eintritt zeigt, daß das Problem der Phosphatanreicherung gelöst worden ist — ohne daß wir bis heute sagen können, durch welchen Reaktionsmechanismus.

Als den in jedem Falle maßgeblichen „Schlüssel" für den Eintritt der Mineralisierung muß man aber wohl den ersten Prozeß ansehen. Die dabei produzierte Grundsubstanz kann in manchen Fällen, z. B. beim embryonalen Knochen, bei einem so niedrigen Ca × P-Produkt verknöchern, daß sein Erreichen vielleicht ohne die Konstruktion von Hilfsmaßnahmen zur Anreicherung von Phosphat möglich ist.

Die Beobachtung einer beachtlichen Aktivitätssteigerung der alkalischen Phosphatase am Ort der Verknöcherung ist nicht bestreitbar. Es scheint aber nicht hinreichend begründet, aus dieser Parallelität der Beobachtungen einen ursächlichen Zusammenhang zwischen Phosphataseaktivität und Phosphatanreicherung bzw. Mineralisierung zu postulieren. Schon die Tatsache, daß bei der Rachitis die Aktivität der alkalischen Phosphatase im Serum bedeutend erhöht ist, die Mineralisierung gleichwohl ausbleibt, sollte in dieser Beziehung zur Vorsicht mahnen.

Ebensogut ließe sich die erhöhte Phosphataseaktivität als Teilerscheinung der gewaltigen Erhöhung des Gesamtstoffwechsels in der Verknöcherungszone begreifen. In diesen Zusammenhang gehören auch die der Verknöcherung stets vorangehende starke Vascularisierung des betreffenden Gebietes und der schnelle Abbau des zunächst gespeicherten Glykogens. Aufgabe dieser Stoffwechselsteigerung muß nicht eine Phosphatanreicherung sein, es kann auch die Energielieferung für den Aufbau der mineralisierungsfähigen Matrix sein. Daß dieser von energieliefernden Vorgängen abhängt, sieht man aus den erwähnten Versuchen von Dziewiatkowski[58], Boström[59] u. a., die die Abhängigkeit des Sulfateinbaues in die Matrix von der Intaktheit der Atmung dartun. Der Einfluß von Glykogen, Adenosintriphosphat, anorganischem und organischem Phosphat auf die Mineralisierung läßt sich so auch im Zusammenhang mit der Umwandlung der Matrix verstehen. Sicher ist das zum mindesten eine der Aufgaben des energieliefernden Stoffwechsel der Osteoblasten, und zwar die einzige Aufbauleistung dieses Stoffwechsels, die bis jetzt als unmittelbare Voraussetzung für die Verknöcherung durch die Verfolgung des Einbaues von $^{35}SO_4$ einwandfrei nachgewiesen ist.

Ob diese Stoffwechselsteigerung außerdem noch die Aufgabe hat, anorganisches Phosphat in der Mineralisierungszone zu konzentrieren und ob der alkalischen Phosphatase dabei eine besondere Rolle zufällt, können wir in manchen Fällen für erforderlich, vielleicht auch für wahrscheinlich halten, bewiesen ist es jedoch bis jetzt nicht.

Literatur

Zusammenfassende Darstellung F. HOLTZ u. E. SCHÜTTE in: FLASCHENTRÄGER u. LEHNARTZ, Physiologische Chemie II, 1, S. 700—723.

[1] HAWK, P. B., and W. J. GIES: Amer. J. Physiol. 5, 387 (1901).
[2] HISARMURA, H.: J. of Biochem. (jap.) 28, 473 (1938).
[3] MASAMUNE, H., Z. YOSIZAWA and M. MAKI: Tôhoku J. Exper. Med. 53, 237 (1951).
[4] ROGERS, H. J.: Nature (London) 164, 625 (1949).
[5] EASTOE, J. E., and B. EASTOE: Biochemic. J. 57, 453 (1954).
[6] GLEGG, R. E., and D. EIDINGER: Arch. of Biochem. 55, 19 (1955).
[7] JACKSON, D. S.: Biochemic. J. 54, 638 (1953).
[8] HIGHBERGER, J. H., J. CROSS and F. O. SCHMITT: Proc. Nat. Acad. Sci. USA 37, 286 (1951).
[9] RANDALL, J. T., R. D. B. FRASER, S. F. JACKSON and A. V. W. MARTIN Nature (London) 169, 1029 (1952).
[10] MANZINI, R. E., and E. S. DE LUSTIG: Rev. Soc. argent. Biol. 26, 227 (1950); zit. nach ROBB-SMITH, Connective Tissue, S. 28.
[11] JONG, F. W. DE: Rec. Trav. chim. Pay-Bas (Amsterdam) 45, 445 (1926).
[12] KLEMENT, R.: Naturwiss. 1938, 145.
[13] MÖLLER, H., u. G. TRÖMEL: Z. physiol. Chem. 213, 263 (1932); Naturwiss. 21, 346 (1933).
[14] CARTIER, P.: Bull. Soc. Chim. biol. (Paris) 30, 65, 73 (1948).
[15] DALLEMAGNE, M. J.: Nature (London) 157, 453 (1946).
[16] NEUMAN, W. F., and J. H. WEIKEL: Ann. N. Y. Acad. Sci. 60, 685 (1955).
[17] HENDRIKS, S. B., and W. L. HILL: Proc. Nat. Acad. Sci. USA 36, 731 (1950).
[18] BEAR, R. S.: Adv. Protein Chem. 7, 69 (1952).
[19] ROBINSON, R. A.: J. Bone Surg. 34a, 389 (1952).
[20] ROBINSON, R. A., and M. L. WATSON: Ann. N. Y. Acad. Sci. 60, 598 (1955).
[21] FREUDENBERG, E., u. P. GYÖRGY: Biochem. Z. 115, 96 (1921); 147, 191 (1924).
[22] ROCHE, J., u. G. H. DELTOUR: Bull. Acad. Méd. Paris 127, 488 (1943). — ROCHE, J.: Presse méd. 1944, 50.
[23] BOYD, E. S., and W. F. NEUMAN: J. of Biol. Chem. 193, 243 (1951).
[24] SOBEL, A. E., and A. HANOK: J. of Biol. Chem. 197, 669 (1952).
[25] SOBEL, A. E.: Ann. N. Y. Acad. Sci. 60, 713 (1955).

[26] BELANGER, R. C., C. P. LEBLOND and R. C. GREULICH: Ann. N. Y. Acad. Sci. **60**, 631 (1955).

[27] CAGLIOTI, V., A. ASCENZI u. M. SCROCCO: Experientia (Basel) **10**, 371 (1954).

[28] LOGAN, M. A., u. H. L. TAYLOR: J. of Biol. Chem. **119**, 377 (1937); **125**, 377, 391 (1938).

[29] MCLEAN, F.: Ann. Rev. Physiol. **5**, 79 (1943).

[30] DALLEMAGNE, M. J.: Acta biol. belg. **1**, 95 (1942).

[31] NIVEN, J. S. F., and R. ROBISON: Biochemic. J. **28**, 2237 (1934).

[32] SHIPLEY, P. G., B. KRAMER and T. HOWLAND: Biochemic. J. **20**, 379 (1926).

[33] SOBEL, A. E., A. R. GOLDFARB and B. KRAMER: J. of Biol. Chem. **108**, 395 (1935).

[34] SOBEL, A. E., J. COHEN and B. KRAMER: Biochemic. J. **29**, 2646 (1935).

[35] LOGAN, M. A.: J. of Biol. Chem. **110**, 375 (1935).

[36] ROBISON, R.: Biochemic. J. **17**, 286 (1923).

[37] BODANSKI, O., R. M. BAKWIN and H. BAKWIN: J. of Biol. Chem. **94**, 551 (1931).

[38] ROCHE, J., et E. BULLINGER: Bull. Soc. Chim. biol. (Paris) **21**, 166 (1936).

[39] HUGGINS, C. B.: Biochemic. J. **25**, 728 (1931).

[40] ROBISON, R., M. G. MCFARLANE and L. M. PATTERSON: Biochemic. J. **28**, 720 (1934).

[41] ENGEL, M. B., and W. FURUTA: Proc. Soc. Exper. Biol. a. Med. **50**, 5 (1942).

[42] MAJNA, G., u. C. ROUILLER: Virchows Arch. **321**, 1 (1951).

[43] BOURNE, G. H.: J. of Physiol. **102**, 319 (1943).

[44] NEUMAN, W. F., V. DISTEFANO, B. J. MULRYAN and E. S. BOYD: J. of Biol. Chem. **193**, 227, 237, 243 (1951).

[45] LUTWAK-MANN, C.: Biochemic. J. **34**, 517 (1940).

[46] CARTIER, P.: C. r. Soc. Biol. (Paris) **144**, 331 (1950).

[47] DISTEFANO, V., and W. F. NEUMAN: Arch. of Biochem. **47**, 218 (1953).

[48] MARKS, P. A., and E. SHON: Science (Lancaster, Pa.) **112**, 752 (1950).

[49] FOLLIS, R.: Proc. Soc. Exper. Biol. a. Med. **71**, 441 (1949).

[50] ALBAUM, H. G., A. HIRSCHFELD and A. E. SOBEL: Proc. Soc. Exper. Biol. a. Med. **79**, 682 (1952).

[51] DICKENS, F., and H. WEIL-MALHERBE: Nature (London) **138**, 125 (1936).

[52] GUTMANN, A. B., and E. GUTMANN: Proc. Soc. Exper. Biol. a. Med. **48**, 687 (1941).

[53] GOLDENBERG, H., and A. E. SOBEL: Proc. Soc. Exper. Biol. a. Med. **85**, 275 (1954).

[54] DIXON, T. F., and H. R. PERKINS: Biochemic. J. **52**, 260 (1952).

[55] DICKENS, F.: Biochemic. J. **35**, 1011 (1941).

[56] SIEGMUND, P.: (Physiol.-chem. Inst. Freie Univ. Berlin) unveröffentlicht.

[57] PERKINS, H. R., and T. F. DIXON: Science (Lancaster, Pa.) **118**, 139 (1953).

[58] DZIEWIATKOWSKI, D. D.: J. of Exper. Med. **93**, 451 (1951); **95**, 489 (1952).

[59] BOSTRÖM, H.: J. of Biol. Chem. **196**, 477 (1952). — BOSTRÖM, H., u. B. MANSSON: Arch. f. Kemi **6**, 23 (1953); Acta chem. scand. (Copenh.) **7**, 1014 (1953).
[60] STROMINGER, H.: Biochim. et Biophysica Acta **17**, 283 (1955).
[61] BOYD, E. S., and W. F. NEUMAN: Arch. of Biochem. **51**, 475 (1954).

Diskussion

CREMER (Mainz): Herr SCHÜTTE hat auf das $CaHPO_4$ als das möglicherweise in Frage kommende primäre Calcifizierungsprodukt hingewiesen. HODGE, einer der besten Kenner, sagt aber, daß man bei dem p_H des verkalkenden Knorpels nicht mit $CaHPO_4$ rechnen könne, zweitens hat man nie ein Röntgenspektrogramm von $CaHPO_4$ nachgewiesen, und drittens stimmt das Ca:P-Verhältnis nicht mit der Formel überein. SOBEL hat auf die sehr interessante und vielleicht auch biologisch wichtige Tatsache hingewiesen, daß dieser Quotient einmal mit der Ernährung schwanken kann und zum anderen, daß die Cariesanfälligkeit bzw. die Säureresistenz der Zähne abhängig ist von dem $PO_4:CO_2$-Quotient. Je höher der CO_2-Gehalt ist, um so geringer ist die Cariesresistenz und desto größer die Säureempfindlichkeit. Zum Schluß möchte ich noch auf unsere Versuche kommen. Es ist sowohl nach DZIEWIATKOWSKI als auch nach BOSTROEM zweifelhaft, ob Sulfatschwefel in merkbarer Weise in Eiweißschwefel eingebaut wird. TARVER und SMYTH haben festgestellt, daß Sulfatschwefel in Chondroitinschwefelsäure, Taurin, Methionin und Cystin etwa in den Proportionen 1000:8:1:1 eingebaut wird. Danach müßte zwischen den schwefelhaltigen Aminosäuren und dem Chondroitinsulfat ein Verhältnis von 1:1000 bestehen. Aber sie haben nicht das Knorpel- oder Knocheneiweiß untersucht, sondern Lebereiweiß. Nach unseren Versuchen fielen 10 oder mehr Prozent der Aktivität des Knochens auf die Proteine. Wir haben durch Papierelektrophorese die Proteine von den Mucopolysacchariden getrennt und papierchromatographisch die Aktivität im wesentlichen im Cystin und Methionin gefunden. Die Frage ist jetzt die: Verhalten sich die Knochenproteine so anders als die Leberproteine, oder liegt der Unterschied darin, daß TARVER und SMYTH an verhältnismäßig alten und wir an jungen Tieren gearbeitet haben?

SCHÜTTE: Ich hatte schon darauf hingewiesen, daß das primäre Calcifizierungsprodukt zwar eifrig diskutiert wird, daß aber der einzige direkte Beweis der Befund von DALLEMAGNE ist, der ein $Ca:PO_4$-Verhältnis von ungefähr 1:1 gefunden hat. Der Stoffwechsel der Proteine und insbesondere auch des Kollagens im Knochen ist in der Tat sehr intensiv. NEUBERGER fand in seinen Versuchen mit ^{14}C-markiertem Glykokoll an Ratten, daß das Knochenkollagen von allen Kollagenen die weitaus höchste Einbaurate, also einen besonders großen Umsatz hat. Herrn CREMERs Befunde bestätigen, daß im Knochen und besonders in der Mineralisierungszone der Stoffwechsel außerordentlich intensiv ist.

SCHREIER (Heidelberg): Zu der Bedeutung der Phosphatase wird die Klinik einen gewissen Beitrag liefern können. Ich denke an das Krankheitsbild der A- oder besser Hypophosphatasie, ein Syndrom, das einer Rachitis ziemlich ähnlich ist, und bei dem sich, wie schon der Name sagt, weder im Blut noch im Knochen alkalische Phosphatase vorfindet. Ihr völliges Fehlen scheint mit dem Leben nicht vereinbar zu sein.

Ich möchte dann noch sagen, daß wir mit markiertem Methionin bei fetalen und erwachsenen Ratten den Einbau in Protein und Chondroitinsulfat studiert und entsprechend den schon vorher erwähnten Versuchen eine unheimlich hohe Aktivität der Proteine in Knorpel und Knochen der Feten gefunden haben. Die Untersuchungen sind noch nicht völlig abgeschlossen, es scheint aber so zu sein, daß die Inkorporationsrate in der Leber doch noch etwas höher ist als in der Knochengrundsubstanz.

HOCK (Mannheim-Waldhof): Wir haben bei chronischer Bleivergiftung die Einlagerung von Blei in den Knochen untersucht und festgestellt, daß diese durch Methioningaben um 20% vermindert werden kann. Das Methionin scheint mit seiner SH-Gruppe irgendwie einzugreifen.

HÖVELS (Frankfurt a. M.): Ich möchte zu derBleivergiftung sagen: Das Blei hat allem Anschein nach irgendeinen Einfluß auf den Knochen, denn HOLLIT, der Pathologe, berichtet darüber, daß die Bleivergiftung bei Kindern überaus häufig — im Durchschnitt sogar häufiger als die Rachitis — vorkommt. SOBEL hat festgestellt, daß Blei, das im Knochen gebunden ist, durch Vitamin D mobilisiert werden kann.

Ich habe noch eine Frage an Herrn Prof. SCHÜTTE. Sie haben auf die Experimente von SOBEL hingewiesen, bei denen man nach Einwirkung von Alkohol und anderen Substanzen, die Eiweiß angreifen, keine Verknöcherung findet; sie beobachten aber Kalkeinlagerungen nach Kochen, durch das sie auch das Eiweiß denaturieren. Da muß offenbar noch etwas anderes mitspielen.

Ich möchte noch auf Experimente von v. PFAUNDLER hinweisen. Er hat mit sehr einfacher Methodik, aber ganz eindeutig festgestellt, daß es zunächst Calcium ist, das durch den Knochen gebunden werden muß, ehe die Calcifizierung weitergeht. Er hat damals schon von einer Kalksalzfängereigenschaft des Knochengewebes gesprochen, die bei bestimmten Krankheiten wie z. B. der Rachitis, gestört ist.

SCHÜTTE: Nach dem, was wir über Denaturierung wissen, dürfte ein Unterschied zwischen der einfachen Hitzedenaturierung, der Denaturierung mit Formalin oder Phenol und der durch langes Einwirken von Methanol bestehen.

Die Versuche von v. PFAUNDLER sind von ihm und den nachfolgenden Bearbeitern in Verbindung gebracht worden mit einer Kalkacceptoreigenschaft des Kollagens, an die wir aber nicht mehr glauben.

LENDLE (Göttingen): Zu der Einwirkung des Bleis auf das Knochenwachstum möchte ich noch etwas sagen. Es ist uns von Bleivergiftungen her bekannt, daß es subepiphysär eingelagert wird, und daß direkte Parallelen zum Calcium bestehen. Mit allem, womit man Calcium mobilisieren kann, kann man auch Blei mobilisieren. Das wird heute auch therapeutisch ausgenutzt. Ich habe kürzlich bei einem Vortrag gehört, daß Thorium spezifisch in diese subepiphysären Zonen eingelagert wird, und daß dabei die Knochen schwer geschädigt werden und das Wachstum gestört wird.

Ich wollte aber ferner sagen, daß der Phosphor in typischer Weise wirkt, und zwar sowohl toxisch wie therapeutisch. Die Struktur wird wesentlich geändert, die Compacta vermehrt, die Spongiosa aufgelöst. Zunächst wird unter der Phosphorbehandlung subepiphysär Calcium eingelagert. Bei jungen Tieren sieht man eine starke Verdichtung der Mineralisierungszone. Das kann sicher nicht mit der Menge des Phosphors zusammenhängen, indem das Löslichkeitsprodukt verschoben wird. Es müssen spezifische Fermentwirkungen sein, und wenn ich mich nicht täusche, wird auch die Phosphatase durch elementaren Phosphor geschädigt. Nun würde das nach Ihren Vorstellungen nicht erklären können, daß jetzt Calcium vermehrt gebunden wird. Dazu gibt es eine alte japanische Theorie von JUSUKI, die in der Pharmakologie als Hilfshypothese verwandt wird. Nach ihr werden sowohl die Osteoclasten wie die Osteoblasten durch elementaren Phosphor geschädigt; die Osteoclasten aber stärker als die Osteoblasten; so daß dann überschießende Verdichtungen und Neubildungen von Knochensubstanz auftreten. Er hat das durch künstliche Frakturen bewiesen, indem er die Bildung und den Abbau des Callus röntgenologisch kontrolliert hat.

HOLZER (Hamburg): Ich wollte etwas zur Frage des Energiebedarfs der Sulfatveresterung bemerken. HELMUT HILL hat im Laboratorium von FRITZ LIPMAN vor kurzem ein Enzymsystem angereichert, das mit ATP Sulfat aktiviert und damit in eine Form überführt, die die Veresterung veranlaßt. Es entsteht eine aktivierte Zwischenverbindung. Die Struktur dieser Verbindung ist noch nicht endgültig geklärt. Sehr wahrscheinlich handelt es sich um eine Verbindung aus Adenosin, Sulfat und Phosphorsäure.

CREMER: Herr Prof. JORPES wies gestern darauf hin, daß man die Mucopolysaccharide aus dem Knorpel sehr leicht gewinnen kann, wenn man einen bestimmten p_H-Wert erreicht; sie gehen dann sofort in Lösung. Das haben wir bei unseren Elektrophoreseversuchen angewandt und eine Übereinstimmung der Werte mit dem Ausgangsmaterial bekommen. Bei Knochen geht das nicht, da ist die Bindung der Proteine an das Polysaccharid sehr viel fester, so daß man hier durch Extraktion und anschließende Elektrophorese nur einen Teil herausbekommt.

OHLENBUSCH (Kiel): Ich habe eine Frage an Herrn Prof. CREMER. Nach Ihren Befunden wird Sulfat also reduziert und dann in den Organismus eingebaut. Wo findet diese Reduktion statt? Ist es möglich, daß die Sulfate im Darm durch Bakterien reduziert werden?

CREMER: Das kann ich nicht ausschließen. Aber die Tatsache, daß in der Leber sehr viel weniger aktives Methionin gefunden wird als im Knochen, spricht doch dafür, daß es nicht nur im Darm reduziert wird.

HESS (Heidelberg): Ich wollte wissen, ob pathologische Knochenbildungen wie z. B. die Verknöcherung des Herzmuskels und anderer Gewebe unter aneroben Verhältnissen ablaufen.

SCHÜTTE: Bei der echten Verknöcherung handelt es sich immer um die Leistung bestimmter Zellen, der Osteoblasten. Diese produzieren eine Grundsubstanz. Auch bei der sog. bindegewebigen primären Knochenbildung sind sie notwendig, denn dort wird nicht präformierter Knorpel in Knochen übergeführt. Die Osteoblasten können, ohne daß vorher Knorpel da war, unmittelbar aus dem Bindegewebe differenzieren, wie bei der primären Knochenbildung. Sie können aber auch aus Chondrocyten hervorgehen und dann gewissermaßen zu einem Ersatz des Knorpels durch den Knochen führen. Pathologische Verkalkungen wie etwa die der Lymphknoten oder dystrophischer Gewebe kann man mit der normalen Verknöcherung nicht in Zusammenhang bringen. Das erste, was man in den Bildern von der Knochenbildung sieht, ist eine erhebliche Zunahme der Vascularisation. Das ist genau das Gegenteil von dem, was wir bei der pathologischen Verknöcherung im regressiven Gewebe finden.

SCHÄFER (Heidelberg): Es scheint mir, daß die Vorgänge beim Einbau der verschiedenen Ionen am Mineralisationspunkt sehr wesentlich sind. Es muß sich dabei um einfache physiko-chemische Prozesse handeln. Ich habe mir die Ionenreihe, die Sie aufgeschrieben haben, vom Beryllium über Kupfer, Magnesium, Natrium, Strontium zu Kalium angeschaut. Hydratation kann nicht vorliegen. Haben Sie irgendein Kennzeichen dieser Reihe herausstellen können, aus dem man vielleicht einen Hinweis auf einen elementaren Mechanismus des Kationenaustausches erhalten könnte? Wir wissen z. B., daß der Austausch zwischen Blut und Gewebe ungleich viel rascher erfolgt, als wir das vor zwei Jahren angenommen haben. Es wird heute behauptet, daß 75% des Blutwassers bei jedem Durchgang durch das Gewebe die Blutbahn verlassen und dann irgendwo wieder hereinkommen.

LOHMANN: Von diesem Gesichtspunkt aus muß man natürlich nicht nur an die Ionen, sondern an den hohen Gehalt an Citronensäure denken. Da diese ein typischer Komplexbildner ist, könnte sie mit solchen Austauschvorgängen im Knochen zu tun haben.

WEITZEL (Gießen): Ich möchte zu dieser Reihe der verschiedenen Ionen und ihrer Anlagerung im Knochen bemerken, daß es sich dabei um nichts anderes handelt als um die reziproken Werte der Stabilitätskonstanten des hypothetischen oder noch unbekannten wirklichen Calciumkomplexbildners. Es ist nur eines merkwürdig, nämlich, daß das Strontium bei der Affinität so schlecht liegt; das stimmt mit der Theorie nicht überein. Bei der Schädigung durch Atomstrahlung ist der Einbau von Radium-Strontium besonders übel, da es so schwer wieder herausgeht. Das paßt auch nicht zu der außerordentlich schwachen Affinität zu dem Komplexbildner. Dieser eine Wert scheint mir also noch fraglich zu sein.

Epithelkörperchen und Knochengewebe

Von

Franklin C. McLean

Physiologische Laboratorien der Universität Chicago (USA)

Mit 3 Textabbildungen

Die meisten Hormone von allgemeiner Wirksamkeit beeinflussen auch das Skeletsystem; aber nur für zwei ist es das eigent-
liche Angriffsziel, nämlich das Parathormon und das Wachstumshormon. Bei bestimmten Tierarten haben noch die Oestrogene
einen bedeutenden Einfluß auf die Knochenbildung an bestimmten
Stellen des Skeletsystems. Weitere Hormone wirken nur mittelbar.

1. Das Hormon der Epithelkörperchen

Das Hormon der Epithelkörperchen, das Parathormon, spielt
eine wesentliche Rolle bei der Regulierung der Calciumionenkonzentration im Blut. Dabei handelt es sich ausschließlich um
einen Einfluß auf die Mobilisierung und Lösung der Mineral-
bestandteile des Knochens; für irgendeinen Einfluß des Hormons
auf die Ablagerung von Mineralsalzen gibt es keinen Beweis.
Entfernung der Epithelkörperchen hat eine Erniedrigung der
Calciumkonzentration im Blut zur Folge, die oft von Tetanie
begleitet ist. Endogener oder exogener Parathormonüberschuß
führt zu einer Erhöhung der Blutcalciumkonzentration und kann
tiefgreifende Veränderungen im Skelet hervorrufen.

2. Histologische Veränderungen im Knochen

Zahlreiche histologische Untersuchungen der Knochen bei
klinischem und experimentellem Hyperparathyreoidismus liegen
vor. Die Veränderungen sind am besten bei jungen Tieren zu
sehen. Die Knochen von erwachsenen Hunden zeigen keine
demonstrierbaren Veränderungen nach der Behandlung mit
Hormondosen, die eine höchstgradige Steigerung im Serum-
calciumspiegel verursachen. Die Wirkungen toxischer Dosen

wurden sorgfältig analysiert; sie äußern sich in rascher Resorption,
Nekrose der Zellen des Knochenmarks und des Knochengewebes;
ferner wandeln sich die Zellen eines Typus in einen anderen um,
z. B. Osteocyten in Reticulumzellen und umgekehrt.

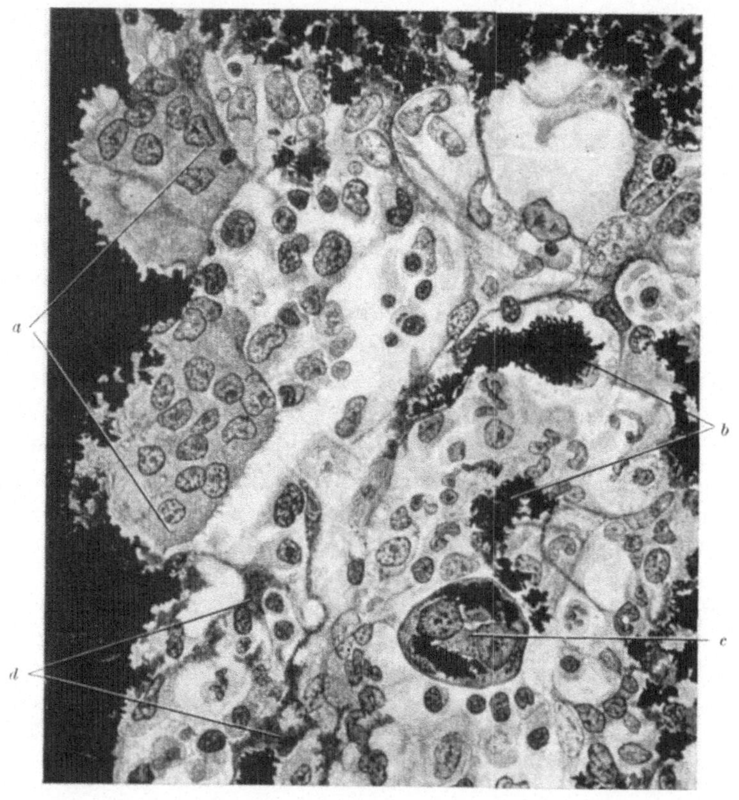

Abb. 1. Mikroskopisches Gesichtsfeld aus einem Schnitt von entkalktem Knochen einer mit
Parathormon behandelten Ratte. Mobilisierung von Knochenmineral unter dem Einfluß
toxischer Dosen von Parathormon. *a* Osteoklasten, frei von Knochenmineral; *b* Makrophagen mit mobilisiertem Mineral beladen; *c* einen Megakaryocyten, der gleichfalls Mineral
enthält. Fixation: Formol. Färbung: von Kóssa-Methode: Silbernitrat,
Hämatoxylin-Eosin. Camera lucida. Vergr. 681mal

Bei jungen Ratten und jungen Hunden genügt eine einzige
Injektion von toxischen Parathormondosen, um das Knochengewebe und das Knochenmark zu schädigen. Eine rasche Resorption wird von einer etwas langsameren Neubildung gefolgt.

Bei der Ratte wurde beträchtliche Zerstörung der Osteocyten beobachtet; bei jungen Hunden kommt es zum Absterben der meisten Osteoblasten und einiger Knochenmarkszellen. Obwohl in den ersten sechs Stunden nach der Injektion des Hormons ausgedehnte Partien resorbiert werden, treten die Osteoklasten bis zum Ende dieser Periode nicht besonders hervor. Es wurden keine Anhaltspunkte für eine phagocytische Tätigkeit von Osteoklasten beobachtet, während die Knochenmarkshistiocyten und einige Osteoblasten in der akuten Wirkungsperiode des Hormons die Trümmer nekrotischer Zellen phagocytieren (Abb. 1).

In allen Phasen der Veränderungen, die auf große Parathormondosen folgen, können celluläre Umwandlungen leicht nachgewiesen werden. Es wurde beobachtet, daß sich Osteoblasten in Reticulumzellen, Phagocyten, Osteocyten und Osteoklasten umwandeln; Osteocyten in Osteoklasten und Reticulumzellen; Reticulumzellen in Osteoblasten und Osteoklasten in Reticulumzellen. Diese Veränderungen sind Modulationen der mesenchymalen Zellen; Mitosen spielen eine untergeordnete Rolle.

Nach wiederholten Hormondosen oder beim chronischen Hyperparathyreoidismus, wie er beim Menschen vorkommt, sind Knochenresorption und die Anwesenheit zahlreicher Osteoklasten die hervorstechendsten Erscheinungen. Wo eine Tendenz zur Heilung besteht, bildet sich fibröses Bindegewebe. Dies sieht man hauptsächlich bei jungen Ratten. Den gleichen Zustand des Knochens beim Menschen nennt man *Osteitis fibrosa* RECKLINGHAUSEN.

3. Wirkungsweise des Parathormons auf Knochen

Alsbald nach der Entdeckung des wirksamen Prinzips der Epithelkörperchen und der Folgen des Hyperparathyreoidismus sind zwei beachtenswerte Theorien über die Wirkungsweise dieses Hormons auf den Knochen aufgestellt worden. Die eine nimmt an, daß eine vermehrte Phosphatausscheidung im Harn mit nachfolgender Senkung des Phosphatgehaltes im Blut und in den Körperflüssigkeiten das Primäre sei, woraus sich dann eine erhöhte Löslichkeit der Knochenmineralien im Plasma ergäbe. Die andere hält eine spezifische Einwirkung des Hormons auf den Knochen, die zur Resorption und gleichzeitigen Lösung der Knochensalze führt, für erwiesen.

Unserer Meinung nach ist die erste Lehre, daß die Einwirkung des Parathormons auf den Knochen der Phosphatausscheidung durch die Niere untergeordnet sei, nicht länger haltbar.

Beweise für die direkte Wirkung auf den Knochen ergeben sich: 1. aus histologischen Untersuchungen der Knochen von mit Parathormon behandelten Tieren; die charakteristischen Veränderungen werden auch dann gefunden, wenn die Nieren der Tiere vorher entfernt wurden; 2. aus dem weiteren Ansteigen des Serumcalciumspiegels bei Hunden, die mit Parathormon behandelt wurden, nachdem ein Ca × P-Produkt im Plasma entstanden ist, das fähig ist, Verkalkung von rachitischem Knorpel *in vitro* zu veranlassen; 3. aus dem direkten Effekt der Parathyreoidverpflanzung auf Knochen, mit denen das Implantat in Berührung ist.

Die Beweise für den direkten Einfluß des Hormons auf den Knochen sind so stark, daß wir hier der anderen Theorie keine weitere Beachtung schenken werden.

Die Demonstration eines Einflusses von seiten der Parathyreoidtransplantate auf die Knochen liefert den endgültigen Beweis für die direkte Wirkungsweise des Hormons. Wenn Epithelkörperchen zusammen mit einem Stück Knochen in das Gehirn eingepflanzt werden, kommt es in dem überpflanzten Stück zur Resorption. Werden Epithelkörperchen und Kontrollen anderer Gewebe und Fremdsubstanzen subperiostal an die Parietalknochen von Mäusen und Ratten übertragen, dann verursachen nur Parathyreoideae und kristallines Vitamin A eine ausgesprochene, spezifische und vor allem lokalisierte Knochenresorption in der Nähe des Transplantates. Diese Experimente haben den Vorzug, daß der Knochen, der der Tätigkeit der Epithelkörperchen ausgesetzt ist, ein lebender Knochen in einem nahezu unverletzten Tier ist.

Unter diesen Umständen wäre schwerlich ein anderer Schluß zu ziehen als der, daß das Hormon eine örtliche zerstörende Wirkung auf den Knochen ausübt. Zweifel besteht allerdings noch darüber, inwieweit die beobachteten histologischen Veränderungen nach toxischen Dosen der Wirkung des Hormons in physiologischen Konzentrationen entsprechen. Jedoch liefern die Erscheinungen in der Nachbarschaft der Transplantate ein Bindeglied zwischen physiologischen und toxischen Bedingungen.

Ein weiterer überzeugender Beweis für die direkte Wirkungsweise der Epithelkörperchen wurde mit Hilfe von Experimenten
gewonnen, bei denen das Hormon Übersättigung des Blutplasmas
mit Knochensalzen bewirkt hatte. Wenn Serum, das in bezug
auf das Produkt Ca $\times$ P gesättigt oder übersättigt war, mit
Knochenscheiben von rachitischen Ratten in *in vitro*-Kulturen
inkubiert wurde, zeigte sich im hypertrophischen Knorpel in den
betreffenden Skeletteilen eine Verkalkung der Grundsubstanz. Diese
Erscheinung wurde als biologischer Indicator der Sättigung oder
Übersättigung des Serums
mit Knochensalz angesehen.
Mit dem Serum eines mit
Parathormon behandelten
Hundes, das hohe Calcium-
konzentration und hohe
Ca $\times$ P-Produkte besitzt,
wird in solchen Präparaten
Verkalkung erzeugt (Abb. 2).
Daß die Körperflüssigkeiten
unter dem Einfluß des Parathormons mit Knochensalz
übersättigt werden, ist ein
überzeugender Beweis zu-
gunsten eines biologischen
Mechanismus in Verbindung
mit der Lösung der Knochenmineralien, da sich kein Salz
zu Übersättigung auflöst.

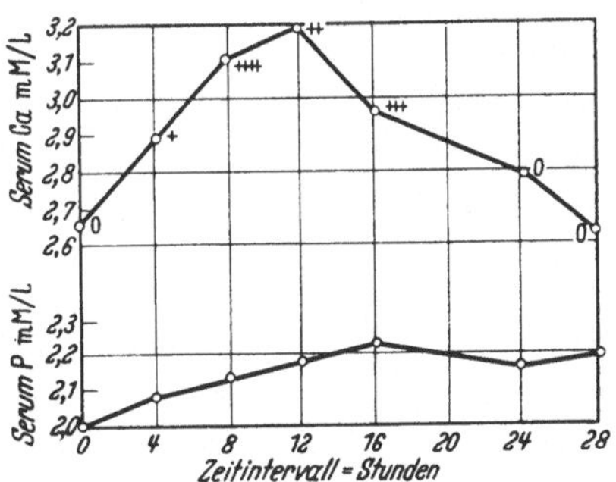

Abb. 2. Einfluß der Konzentrationen von Serumcalcium und Serumphosphat von einem mit
Parathormon behandelten Hund auf die Verkalkung des Knorpels, der einer rachitischen Ratte
entnommen und im Serum inkubiert wurde.
Der Hund erhielt zu Beginn und 4 Std. später
zu 1000 Einheiten Parathormon. Blutserum
gleichzeitig mit der ersten Injektion, 24 und
28 Std. danach entnommen, verursachte keine
Calcifizierung im rachitischen Knorpel *in vitro*.
Das nach 4, 8, 12 und 16 Std. entnommene
Serum verursachte jeweils +-, + + + +-,
+ + + - und + + +-Calcifizierung

4. Die Rolle der Epithelkörperchen in der Homöostase

Es steht fest, daß die Epithelkörperchen eine entscheidende
Rolle bei der homöostatischen Regulierung der Calciumionenkonzentration im Blutplasma spielen. Der Calciumspiegel in der
Körperflüssigkeit steht in direkter Wechselbeziehung zur Tätigkeit der Epithelkörperchen. Austausch von Calcium und Phosphat
zwischen Blut und Knochen findet allerdings unabhängig von der
Höhe der Spiegel statt, und sogar bei Abwesenheit der Epithelkörperchen wird eine relativ gleichmäßige, wenn auch niedrige
Calciumionenkonzentration im Blut beibehalten.

Wenn in dem aus dem Körper entnommenen Blut der Calciumspiegel seines Serums durch die Adsorption an Bleiphosphat stark
reduziert und das entkalkte Plasma in den Kreislauf zurück-
gegeben wird, ergibt sich ein erniedrigter Plasmacalciumspiegel.
Er wird jedoch durch die Auflösung von Knochensalzen schnell
wiederhergestellt. Wenn der Versuch an einem normalen Hund
ausgeführt wird, steigt der Plasmacalciumspiegel zur normalen
Höhe; wenn ein parathyreoidektomierter Hund benützt wird,
erreicht die Erhöhung nur den Spiegel, der für die Abwesenheit
der Epithelkörperchen charakteristisch ist. Der normale Spiegel
kann in einem solchen Tier nur durch Injektion des Hormons
wiederhergestellt werden; ähnliche Beobachtungen wurden nach
intravenöser Injektion von Oxalatnatrium und Äthylendiamin-
tetraessigsäure (Versene) gemacht; nach der Versene-Injektion,
die bei der Hypercalcämie des Hyperparathyreoidismus eine
scharfe Senkung verursacht, erhöht sich das Serumcalcium wieder
schnell auf den Spiegel, den es vor der Injektion hatte. Die
zuletzt mitgeteilten Beobachtungen deuten an, daß ein schnell
arbeitender Mechanismus besteht, der unabhängig von dem
Parathormon das Plasmacalcium auf einem beständigen, aber
niedrigen Spiegel im Gleichgewicht mit dem Knochenmineral hält.
Die hier berichteten Beobachtungen weisen aber auch auf einen
anderen Mechanismus hin, der durch das Parathormon vermittelt
wird und für die Aufrechterhaltung des normalen Plasmacalciumspiegels nötig ist. Es gibt demnach, nach den neuen Vorstellungen
über die Beziehungen zwischen Blut und Knochen, einen Doppelmechanismus zur Kontrolle des Calciumspiegels im Plasma.
Der eine Teil des Doppelmechanismus besorgt die Erhaltung eines
einfachen chemischen Gleichgewichts mit dem labilen Bestand
des Knochenminerals, der gegenwärtig auf etwa 1% des gesamten
Mineralbestandes geschätzt wird und unabhängig von den Epithelkörperchen ist. Dieser Teil des Mechanismus reicht aus, um einen
raschen Wechsel zwischen Blut und Knochen zu ermöglichen und
den Plasmacalciumspiegel auf ungefähr 7 mg-% zu erhalten.

5. Der "Feedback"-Mechanismus

Der zweite Teil des Mechanismus ist nötig, um das Plasmacalcium auf den normalen Spiegel von 10 mg-% zu bringen und
diesen Spiegel aufrechtzuerhalten. Dies wird durch die Ver-

mittlung der Epithelkörperchen erreicht, und die Vorgänge können am besten als "Feedback"-Mechanismus beschrieben und verstanden werden.

Es ist allgemein bekannt, daß Warmblüter einen thermostatisch kontrollierten Mechanismus haben, welcher die Körpertemperatur relativ gleichmäßig hält trotz großer Veränderungen in der Temperatur der äußeren Umgebung. Solche selbstregulierenden Prozesse kommen häufig sowohl im Körper wie auch in der Industrie vor und haben in den letzten Jahren den Namen "Feedback" erworben. Der Zustand oder das Produkt, welches reguliert wird, ist zugleich auch das Stimulans, welches den Regulationsmechanismus aktiviert; Auskunft über die Produktion wird zurückgeleitet zu einer früheren Stufe im Prozeß, um dessen Tätigkeit zu beeinflussen und damit die Produktion zu kontrollieren. Man fängt jetzt erst an, die Rolle des "Feedback" in der Regulation der Calciumionenkonzentration im Blutplasma in allen Einzelheiten zu verstehen (Abb. 3).

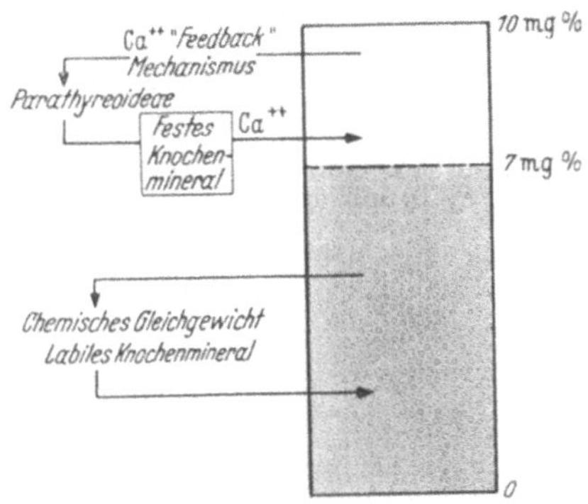

Abb. 3. Diagramm zur Veranschaulichung des Austauschmechanismus von Calcium zwischen Blutplasma und Knochen. Das chemische Gleichgewicht mit dem labilen Anteil des Knochenminerals ist unabhängig vom Epithelkörperchen und ist ausreichend für die Aufrechterhaltung eines Plasmacalciumspiegels von ungefähr 7 mg-%. Die Tätigkeit der Epithelkörperchen steht unter der Kontrolle des "Feedback" aus Calciumionen im Blutplasma und regelt die Abgabe von Calcium aus dem stabilen Hydroxylapatitbestand des Knochenminerals. Daraus ergibt sich die Aufrechterhaltung des normalen Plasmacalciumspiegels von 10 mg-%

Die Intensität der Tätigkeit der Epithelkörperchen richtet sich nach der Calciumionenkonzentration im Plasma: Ein sinkender Spiegel von Calciumionen veranlaßt eine vermehrte Sekretion des Parathormons. Diese wiederum verursacht eine stärkere Calciummobilisierung im Knochen und damit eine Zunahme der Calciumionenkonzentration im Plasma, sozusagen durch Abhebung eines gewissen Betrages vom Calciumdepot im Knochen. Das Parathormon reguliert die Zerstörung der mineralischen und organischen Teile des Knochens, und der "Feedback"-Mechanismus beruht auf der Befreiung des Calciums aus den festen Hydroxyl-apatitkristallen sowie aus den labilen Anteilen des Knochen-mineralbestandes. Während der labile Calciumteil des Knochen-minerals der Lösung in den Körperflüssigkeiten leicht zugänglich ist, bedarf es zur Befreiung und Lösung des fixierten Calcium-anteils des Eingreifens des Parathormons. Nach gegenwärtiger Beurteilung wird unter physiologischen Bedingungen das ganze Blutcalcium einmal pro Minute umgesetzt; aus dieser Tatsache ergibt sich die Wichtigkeit des hier postulierten "Feedback"-Mechanismus.

Es bleibt noch festzustellen, ob das Parathormon die Frei-setzung des Calciums von den Knochen in das Blut durch Ein-wirkung auf die Osteoklasten oder in anderer Weise veranlaßt. Es ist nämlich möglich, daß das Hormon die Entstehung eines "chelating"-Agens verursacht, welches lösbare Calciumkomplexe bildet. Solch ein Agens könnten die Osteoklasten erzeugen und örtlich wirksam sein, oder es könnte an anderen Stellen gebildet werden und die Knochen auf dem Blutweg erreichen. Es wurde auch erwogen, ob das Parathormon selbst einen nicht ionisierten Komplex mit Calcium bilden könnte; aber direkte Beobachtung hat ergeben, daß die wechselnden Calciumionenkonzentrationen im Blut von Hypo- bis Hyperparathyreoidismus nicht mit ent-sprechenden Veränderungen im Gleichgewicht zwischen Calcium und Protein einhergehen und somit kein Beweis für Komplex-bildung aus ihnen abgeleitet werden kann.

6. Ursachen für die Sekretion des Parathormons

Es wird allgemein angenommen — und diese Annahme ist, wie gezeigt worden ist, von experimentellen Beweisen gut begründet —, daß die Calciumionenkonzentration im Plasma das Stimulans für die Parathyreoidfunktion ist; eine Senkung der Calciumionen-konzentration führt zu gesteigerter Tätigkeit der Epithelkörper-chen. Unlängst wurde die Möglichkeit erwogen, daß eine Er-höhung der Phosphationenkonzentration im Plasma stärkere Tätigkeit der Parathyreoideae verursachen könnte, ohne daß eine Senkung des Plasmacalciumspiegels nötig wäre. Ein Wechselspiel zwischen einer solchen Wirkung des Plasmaphosphats auf die Epithelkörperchen und einer vermehrten Phosphatabsonderung im Harn, der von einer vermehrten Sekretion des Hormons veranlaßt ist, könnte tatsächlich als ein Regulierungsmechanismus für die homöostatische Kontrolle des Plasmaphosphatspiegels dienen. Vielleicht werden die Epithelkörperchen sowohl von dem Calcium- als auch dem Phosphatspiegel betroffen. Eine Beteiligung des Hirnanhangs an der Kontrolle der Parathyreoideae ist noch nicht demonstriert worden; man hat behauptet, daß der Hirnanhang selbst auf den Calcium- und Phosphatspiegel im Plasma einwirkt, ohne eine Vermittlung dieser Wirkung durch die Epithelkörperchen.

Literatur

McLean, Franklin C., and Marshall R. Urist: Bone, An Introduction to the Physiology of Skeletal Tissue. Chicago: University of Chicago Press 1955.

Diskussion

Schütte (Berlin): Sie sagten, das labile Calcium werde etwa mit 1% des Gesamtcalciums des Skelets veranschlagt. Das wäre, soweit ich mich entsinne, nur ein Teil dessen, was man beim „ion exchange" findet. Dabei wird etwa $2^{1}/_{2}\%$ als Austauschrate veranschlagt. Dann wäre also nur ein Teil von diesem austauschbaren Calcium labiles Calcium im Sinne des homöostatischen Reaktionsmechanismus. Ich möchte noch als zweites fragen, ob man direkte experimentelle Beweise dafür hat, daß das Parathormon wirklich in die Tiefe des stabilen Calciums eindringt.

McLean: Resorption occurs only on the surface of bone, never from the inside. Whatever the substance is that dissolves bone, it dissolves both the organic and inorganic parts of bone, and reacts with both at the surface. Kölliker, more than one hundred years ago, explained resorption as the effect of an acid, to dissolve the mineral, combined with a chemical influence on solution of the organic matrix. Later, when enzymatic actions were better understood, it was postulated that the second part of the resorption mechanism was an enzyme for the solution of the organic matrix. This has bearing on the solution of collagen, which was discussed yesterday. Whatever it is that dissolves bone must dissolve the organic matrix to gain access to the stable mineral of the crystals of hydroxylapatite. Solution of the mineral at the p_H of the body fluids could occur by the action of a chemical compound such as the chelating agent ethylene-diamine-tetra-acetic acid, but no one has found such an agent in the body. Does this answer your question?

Schütte: Ich glaube nicht ganz. Ich wollte wissen, ob man noch zusätzliche Beweise dafür hat, daß das Parathormon tatsächlich aus dem Inneren des Apatitkristalls die Ionen herauslöst.

Mattenheimer (Berlin): In diesem Zusammenhang muß an die „Rekristallisation" erinnert werden. Neuman zeigte, daß beim Austausch des Calciums mit dem bestehenden Kristall ein Teil sehr schnell ausgetauscht wird, nämlich der an der Oberfläche liegende. Das scheint mir auch das Calcium zu sein, was Sie als labiles bezeichnen, während bei längerer Fortdauer dieses Rekristallisationsproduktes Calcium in das Innere des Kristalls geht.

MCLEAN: Wenn ich die Frage richtig verstanden habe, bezieht sie sich auf NEUMANs Untersuchungen, soweit sie den Ionenaustausch zwischen der Flüssigkeit und dem Kristall betrifft. Sowohl NEUMAN wie auch ARMSTRONG haben gezeigt, daß fast alles ^{45}Ca, das Ratten injiziert wurde und im Körper verblieb, in 50 Tagen in die Apatitkristalle inkorporiert war. ARMSTRONG hat sich dann vorgestellt, daß die Hydroxylapatitkristalle wieder aufgelöst würden, wenn er zu dieser Zeit den Ratten Parathormon gäbe, und daß das ^{45}Ca im Blut und im Urin wieder erscheinen müßte. Der Bericht über diese Versuche von WOOD und ARMSTRONG ist vor kurzem in Proc. Soc. Exper. Biol. a. Med. **91**, 255 (1956) erschienen. Die Autoren bestimmten die spezifische Aktivität der Knochen 72 Tage nach der Verabreichung von ^{45}Ca und die Menge von Radiocalcium im Urin vor und nach der subcutanen Injektion von Parathormon. Kontrollen ohne Parathormon liefen parallel. Aus der beträchtlich vermehrten Ausscheidung von ^{45}Ca durch die Niere wurde geschlossen, daß das Parathormon die Mobilisierung von stabilem Knochenmineral aus dem Skelet der Ratte verursachte. ARMSTRONG hat betont, daß das Ergebnis dieses Experiments einen weiteren Beweis geliefert hat zugunsten eines Doppelmechanismus zur homöostatischen Kontrolle der Calciumkonzentration im Blut. ARMSTRONG hat ferner festgestellt, daß 6 Tage nach der Parathormoninjektion die Menge von ^{45}Ca im Urin abzunehmen beginnt und am 13. Tage bereits sehr gering ist.

SCHÄFER (Heidelberg): Does this mean that continued injection of Parathormone leads to a lowering of the calcium excretion ?

MCLEAN: This is true in the rat and in most other species, including man. Parathormone is effective only for a few days, and then it loses its effectiveness.

SCHÄFER: Would you dare to call this an inhibition ?

MCLEAN: It has been called an immune reaction, but nobody knows what the mechanism really is. Because of this reaction, Parathormone is not very useful in the clinic. It has an immediate effect in acute hypoparathyroidism, but it cannot be used for prolonged replacement therapy.

JORPES (Stockholm): Is there a connection between the parathyroids and the hypophysis ?

MCLEAN: It is not my belief that there is any direct connection between the hypophysis and the parathyroids. The old idea about a parathyrotropic hormone from the hypophysis no longer has much support. There is, however, the possibility that the hypophysis has a direct influence on calcium metabolism, independent of the parathyroids.

JORPES: Could you tell me something about the enlargement of the parathyroids in hyperparathyroidism ?

MCLEAN: One must distinguish between primary and secondary enlargement of the parathyroids. Primary enlargement, as in adenoma or carcinoma, usually involves only one gland; occasionally there are seen two adenomas

independent of one another. On the other hand, in secondary hyperparathyroidism, of which the best example is renal rickets, all of the parathyroids
are involved.

MENNE (Münster): Wie hängt die Nierenfunktion mit dem Parathormon
zusammen ?

McLEAN: There is undoubtedly a direct effect of Parathormone on the
kidneys and one could show, I think, that this is a physiological necessity.
When the parathyroid hormone acts on bone it releases both calcium and
phosphate into the blood and unless there were a mechanism to remove the
excess phosphate there would be a very high level of phosphate in the blood.
It would appear that, to meet this need, the parathyroid hormone acts also
on the kidneys to increase the excretion of phosphate. In hyperparathyroidism there is found an increased excretion of both calcium and phosphate in the urine and the frequent appearance of kidney stones. There are
some investigators now who believe that there are in the parathyroid glands
two hormones, one for phosphate and one for calcium, but so far no one has
succeeded in separating these from each other. I am sure you all know that
the parathyroid hormone is still not purified, and for that reason we prefer
in english not to talk about Parathormone. We prefer the term parathyroid
extract, which is by definition not a pure substance. In all the work that has
been done on the purification of parathyroid extracts, the effects on calcium
and on phosphate go hand in hand.

Der Einfluß der Vitamine auf die Verkalkung

Von

O. Hövels

Universitäts-Kinderklinik Erlangen.

Mit 10 Textabbildungen

Unsere *Kenntnisse über den Einfluß der Vitamine* auf die Verkalkung sind *nicht nur unvollständig*, sie sind auch auf die im einzelnen beteiligten Faktoren A, C und D *sehr ungleich verteilt.* Immerhin ist das vorliegende Tatsachenmaterial so umfangreich, daß insbesondere bei Vitamin D eine Auswahl des Stoffes unumgänglich war. Ich habe mich bemüht, dieselbe so vorzunehmen, daß die vorgetragenen Beobachtungen die derzeit am wichtigsten erscheinenden Befunde ergänzen, ausbauen oder kritisch beleuchten. Die Diskussion wird hoffentlich Gelegenheit geben, weitere Ergebnisse, die unverdient in den Schatten einer solchen Beleuchtung gerieten, herauszustellen.

Da notwendigerweise auch von morphologischen Veränderungen die Rede sein wird, möchte ich den Ablauf der enchondralen Ossifikation kurz wiederholen[1]. Ruhende Knorpelzellen hypertrophieren und lösen sich auf. Gleichzeitig erfolgt um sie herum eine Ablagerung von Kalksalzen, die *präparatorische Verkalkung.* In diese Zone sprossen von unten normalerweise in ganz regelmäßiger Front Gefäßschlingen ein, die Knochenzellen mit sich führen. Der untere Rand der präparatorischen Verkalkungszone wird bis auf schmale Bälkchen abgebaut. An diese Bälkchen lagern sich Osteoblasten. Es wird Knochengrundsubstanz auf ihnen abgelagert, die dann verkalkt. Auch diese primären Spongiosabälkchen werden dann, entsprechend den Erfordernissen der Knochen, weiter umgebaut. Bei der Regelung dieses Umbaus *spielt*

Vitamin A

eine entscheidende Rolle.

Das zeigt bereits die Gegenüberstellung der Unterschenkelknochen einer normalen Ratte und eines A-Mangeltieres. Letztere sind etwas kleiner, aber wesentlich *dicker, plumper* und in ihren Formen *undifferenzierter*[2]. Nähere Kenntnisse über die Zusammenhänge dieser Veränderungen verdanken wir MELLANBY[3]. Er konnte zeigen, daß die Ursache von Degenerationen an Hirn- und peripheren Nerven bei A-Mangeltieren ein *überschüssiges Wachstum von Knochensubstanz* an der Schädelbasis, im Wirbelkanal und an den Foramina intervertebralia war. Dieses kommt dadurch zustande, daß die *Koordination von Osteoblasten- und Osteoclastentätigkeit nicht mehr funktioniert.* Während sich normalerweise die Tätigkeit der an entgegengesetzten Oberflächen gelegenen Zellarten die Waage hält, hemmt der Ausfall des Vitamins A die Aktion der Osteoclasten. An ihrer Stelle können nun Osteoblasten auftreten. Das Ausmaß ihrer Tätigkeit scheint sich nach der Bedeutung der Osteoclasie an dieser Stelle zu richten. Ist diese gering und die Aktivität der Osteoclasten normalerweise demzufolge niedrig, so ruft A-Mangel eine überschießende Knochenapposition hervor und umgekehrt[4]. Störungen in der Koordination der Dentinbildung finden sich übrigens auch an den Zähnen[2]. Die normalen Verhältnisse restituieren sich nach Gaben von Vitamin A rasch, und zwar zunächst sogar überschießend. Es hat den Anschein, als ob Vitamin A nicht die Art der Tätigkeit der Knochenzellen kontrolliert — diese ist und bleibt determiniert[127] —, sondern über ihre Ausführung wacht[4].

Damit ist die Wirkung des Vitamins A noch nicht erschöpft. Es hat außerdem einen *Einfluß auf die enchondrale Verknöcherung* und damit auf das *Wachstum*[5]. Bei A-Mangel sistieren die Teilungen der Epiphysenknorpelzellen, während die bereits hypertrophierten Zellen nicht mehr wachsen und atrophieren. Blasenknorpel wird dagegen normal abgebaut. Da die Resorption der präparatorischen Verkalkungszone anscheinend nicht nennenswert gestört ist, wird diese infolge sistierenden Wachstums auf der einen und unveränderter Resorption auf der anderen Seite zu einer ganz schmalen Platte. Dementsprechend zeigen Röntgenbilder der Knochen von Säuglingen mit Keratomalacie eine sehr schmale Abschlußplatte[130].

Die chemischen Befunde sind bislang sehr spärlich. Nach MELLANBY[3] verursacht A-Mangel keine wesentlichen Änderungen des Calciumgehaltes im Knochen. Dem entspricht die Feststellung von COPP und GREENBERG[6], daß zwischen A-Mangel- und normalen Tieren kein Unterschied in der Strontiumfixation des Callus besteht. Dieser soll jedoch nach A-Gaben ebenso wie der übrige Knochen vermehrt Radiostrontium einbauen. Dziewiatkowski[7] stellte bei A-Mangelratten *nach Gaben von Vitamin A* eine *vermehrte Einlagerung von* ^{35}S *in die Wachstumszone* fest. Er konnte durch chemische Darstellung zeigen, daß diese Anreicherung in erster Linie die *Chondroitinschwefelsäure* (Abb. 1) betrifft. Eine Zunahme von ^{35}S fand sich außerdem

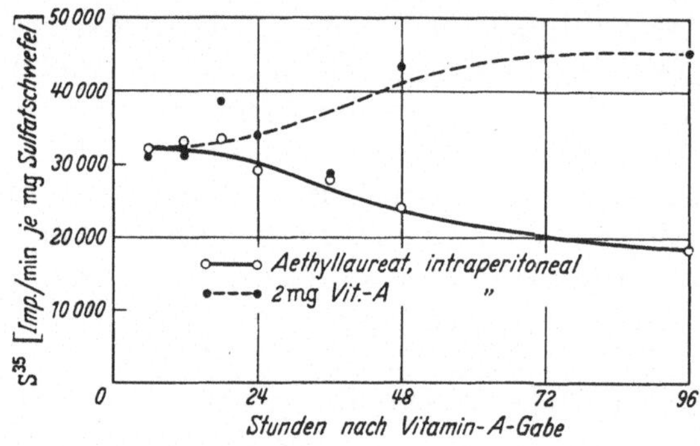

Abb. 1. Einbau von ^{35}S in Chondroitinschwefelsäure bei Ratten mit und ohne Vitamin A-Gabe. Dziewiatkowski[7]

auch in den Mucopolysacchariden der Haut und des Darms. Dies scheint mir dagegen zu sprechen, daß es sich lediglich um einen Wachstumseffekt handelt, woran die ebenfalls gefundene Vermehrung des Gesamt-P und eine stärkere Einlagerung von ^{32}P vielleicht denken ließe. Schließlich wurde im Serum der A-Mangeltiere eine Erhöhung des anorganischen Sulfates festgestellt, die nach A-Gabe verschwand[7].

Während Knochenveränderungen durch *A-Mangel* beim Menschen bislang kaum bekannt geworden sind, liegen einige Befunde über den Einfluß der *A-Hypervitaminose* auf den Knochen vor[2]. Sie sind deswegen zurückhaltend zu beurteilen, weil sie in der Regel durch Lebertran erzeugt wurden. Als Ursache schmerzhafter Schwellungen im Bereich der Diaphysen langer Röhrenknochen finden sich bei Patienten mit A-Hypervitaminose röntgenologisch nachweisbare Periostverdickungen. Deren Substrat ist eine proliferierende Periostitis mit reichlich neu gebildetem, aber schlecht verkalktem Knochen[2]. Im Tierversuch zeigt sich auch bei der A-Hypervitaminose die *doppelte Wirkung des A-Vitamins* auf den Knochen[2]. Sowohl enchondrale als auch periostale Verknöcherung und Knochenumbau laufen schneller, insgesamt aber geordnet ab. Sehr hohe A-Dosen können den Ablauf so beschleunigen, daß es bei jungen Meerschweinchen zu einem vorzeitigen Epiphysenschluß kommt. Als Folge des überstürzten Umbaus können Kalkmangel und Unreife der Grundsubstanz zu Frakturen führen[2, 8].

Abgesehen von extrem hohen A-Dosen, die zu einer negativen N-, Ca- und P-Bilanz führen[2], finden sich bei der A-Hypervitaminose weder Änderungen des Aschegehaltes noch der Phosphataseaktivität oder des Lipoidstoffwechsels[2]. Dagegen verursachen hohe A-Dosen in der Gewebekultur eine Verminderung und schließlich Hemmung der Aufnahme von ^{35}S[128].

In vitro- und Modellversuche[9-12] legen die Vermutung nahe, daß *Vitamin A direkt auf die Zellen wirkt*, wenngleich die Versuchsbedingungen z. T. extrem von den Verhältnissen in vivo abweichen. Sonst ist über den Wirkungsmechanismus des A-Vitamins nur so viel bekannt, daß es — soweit sich dies bislang sagen läßt — *nur den wachsenden Knochen beeinflußt*[2].

Die Bedeutung des *Vitamins C* für die Verkalkung ist im wesentlichen der *Sonderfall seiner Wirkung auf alle Bindegewebszellen*[13].

Nach Feststellungen von McLEAN und Mitarbeitern scheinen Zellen, deren Intercellularsubstanz calcifiziert, besonders empfindlich gegen C-Mangel zu sein. Sie fanden beim Meerschweinchen nach akut einsetzendem C-Mangel nur in Knochen und Zähnen charakteristische Veränderungen.

Die *morphologischen Veränderungen* sind folgende: Knochenund Knorpelgrundsubstanz werden nicht mehr gebildet. Die Osteoblasten werden zu fibroblastenähnlichen Gebilden und wandern gegen die Diaphyse, wo sie ein ödematöses Bindegewebe produzieren. Die Einsprossung von Gefäßen ist mangelhaft, die präparatorische Verkalkungszone deswegen unregelmäßig. Die unbehindert fortschreitende Knochenresorption schafft in der Metaphyse eine wenig stabile sog. „*Trümmerfeldzone*". Infolge einer Hemmung der periostalen Verknöcherung bei normaler Knochenresorption nimmt die Dicke der Corticalis erheblich ab[16]. Entsprechend führt Vitamin C-Mangel an den Zähnen zu einer

Atrophie der Odontoblasten mit mangelhafter bis fehlender Dentinbildung, Schmelzdefekte sollen sekundär sein[17, 18].

Ursache der Verkalkungsstörung ist eine *unzureichende Bildung von Intercellularsubstanz*, wie bereits von Aschoff und Koch[15] vermutet wurde. Im Gegensatz zu älteren Tieren ist die Verminderung des Kollagen-N bei C-avitaminotischen jungen Meerschweinchen beträchtlich[19]. Dem entsprechen Beobachtungen über die Abnahme des Chondroitinschwefelsäuregehaltes sowie über eine herabgesetzte Aufnahme von ^{35}S in den Rippenknorpel bei Skorbut[20, 120].

Die Befunde stehen mit der gut belegten Feststellung im Einklang, daß *Ascorbinsäure für die Produktion von Kollagen erforderlich* ist. Sie scheint auch bei der Anordnung der Intrafibrillarsubstanz eine Rolle zu spielen[13].

Im Knochen C-avitaminotischer Tiere findet sich eine erhebliche *Verminderung der alkalischen Phosphataseaktivität*[22], der ein Absinken des Phosphatasespiegels im Serum von Patienten mit Möller-Barlowscher Krankheit entspricht. Die Korrelation der beiden Befunde scheint nicht einfach mit einer verminderten Phosphataseaktivität der Osteoblasten erklärt werden zu können[121]. Außerdem wird im Knochen eine Verminderung der Bernsteinsäuredehydrogenase gefunden[23].

Die Knochenveränderungen beim C-Mangel müssen als Folge des Ausfalls einer direkten Wirkung des Vitamins C auf die Zelle angesehen werden[17]. Neben den bereits berichteten morphologischen Veränderungen sprechen dafür auch die Befunde Meyers, der neben Vacuolenbildung im Cytoplasma auch degenerative Veränderungen im Kern fand[21].

Die Wirkungsweise des Vitamins C ist bislang unbekannt.

Vitamin C-Gaben begünstigen weder bei Kindern[24] noch bei Ratten[25, 26] die Calciumresorption. Die einzigen Untersuchungen über die Calciumbilanz bei menschlichem Skorbut[27], die eine positive Bilanz im floriden und eine negative Bilanz im Heilungsstadium ergaben, müssen aus methodischen Gründen zurückhaltend bewertet werden, stehen aber mit Befunden bei Meerschweinchen im Einklang[17]. Reid[13] vermutet, daß Ascorbinsäure vielleicht als Calciumascorbat transportiert und an den Verkalkungsstätten wenigstens teilweise nach Abbau zu CO_2 als

Carbonat deponiert werden könnte. Sie erklärt damit das Auftreten einer erhöhten Aktivität in den Zähnen von Meerschweinchen, die markierte Ascorbinsäure erhielten[28].

Vitamin D hat von allen an der Verkalkung beteiligten Vitaminen die größte Bedeutung. Dies liegt in erster Linie an seiner Stellung im Knochenstoffwechsel. Zum anderen aber auch daran, daß die D-Mangelkrankheit, Rachitis, ungleich häufiger ist als ein Mangel an Vitamin A oder C.

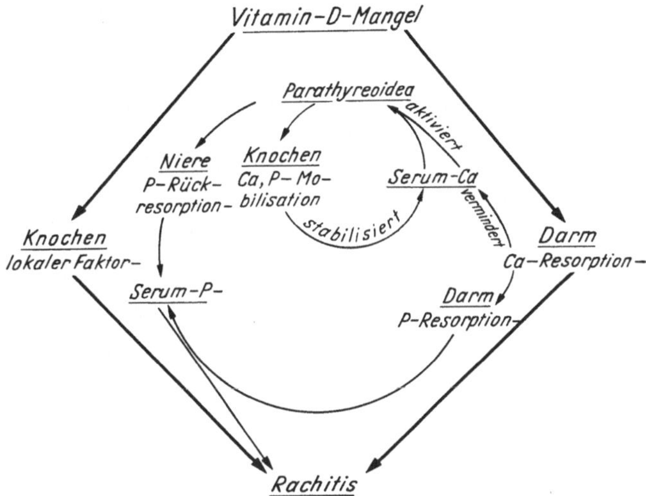

Abb. 2. Schematische Darstellung der Rachitispathogenese. (Modifiziert nach ALBRIGHT[31])

Die *wesentlichsten morphologischen Veränderungen bei der Rachitis* sind[1, 29]:

1. Die fehlende oder unvollständige präparatorische Verkalkung;

2. die Reifungs- und Abbaustörung der Knorpelzellen;

3. die Behinderung der Einsprossung von Gefäßschlingen mit Osteoblasten in die präparatorische Verkalkungszone.

4. Das Ausbleiben der Verkalkung des Osteoids, das von den Osteoblasten auf den primären Spongiosabälkchen, an den Trabekeln und subperiostal gebildet wird.

Die *Pathogenese der Rachitis ist noch nicht eindeutig geklärt.* Die gegenwärtigen Vorstellungen lassen sich folgendermaßen skizzieren (Abb. 2):

Vitamin D-Mangel führt im rachitischen Organismus zu einer *Beeinträchtigung der Calciumresorption aus dem Darm.* Diese primäre Wirkung des Vitamins D auf das Calcium ist in sehr subtilen Untersuchungen von Nicolaysen[30] bei der Ratte und von Albright[31] u. Mitarb. beim Menschen nachgewiesen und wiederholt bestätigt worden[32-39].

Die *Verminderung der Phosphatresorption* bei der Rachitis oder der ihr entsprechenden Erkrankung des Erwachsenen, der Osteomalacie, ist vermutlich *sekundär.* Die Untersuchungen von Harrison und Harrison[132] könnten so ausgelegt werden, als ob an der *Calciumresorption zwei Mechanismen* beteiligt wären[36, 40, 132], von denen nur der eine, im unteren Dünndarm gelegene durch Vitamin D kontrolliert wird, während der andere, im oberen Dünndarm lokalisierte im wesentlichen auf der Diffusion zu beruhen scheint (Abb. 3). *Unterschiede in der Aufnahme von* ^{45}Ca *aus dem Darm von* rachitischen Ratten mit und ohne Vitamin D sowie von Ratten auf rachitogener Diät, aber prophylaktischer D-Gabe fanden sich *erst nach 24 Std.,* als sich das Ca in Darmpartien befand, in denen es normalerweise schlecht resorbiert wird. Ob aus diesem Befund bereits so weitgehende Schlüsse gezogen werden können, sei dahingestellt. Immerhin deuten auch die Untersuchungen von Cremer u. Mitarb. darauf hin, daß *Vitamin D* bei der Ratte besonders *die Resorption der schlechter ausnutzbaren Ca-Verbindungen beeinflußt*[41, 42]. Andererseits konnte Lindquist[36] zeigen, daß — gemessen an der Radioaktivität des Blutes — *Unterschiede in der Ca-Resorption* rachitischer und nicht-rachitischer Ratten *erst nach Stunden* nachzuweisen sind.

Die Verminderung der Ca-Resorption im Darm führt deswegen nicht zu einem Abfall des Serum-Ca-Spiegels, weil dieser infolge der *sekundär gesteigerten Aktivität der Nebenschilddrüsen* durch

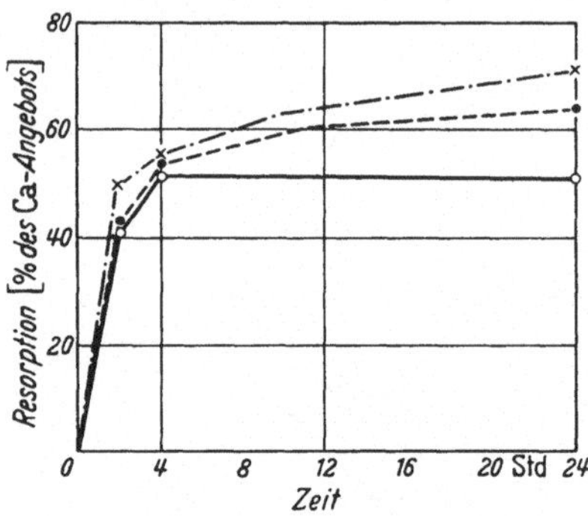

Abb. 3. Einfluß des D-Vitamins auf die Resorption von ^{45}Ca aus dem Darm. Rachitische Ratten ohne o ---- o und nach D-Gabe ×—·—× ; ●—● rachitogene Kost, prophylaktische D-Gabe Harrison[39]

Mobilisation von Kalksalzen aus dem Knochen normal oder an der unteren Grenze des Normalen gehalten wird (ALBRIGHT und REIFENSTEIN[37]). Die Verminderung der Phosphatrückresorption in den Nierentubuli durch die Nebenschilddrüse führt ebenso wie die verminderte P-Resorption aus dem Darm zu einer Absenkung des Serum-P-Spiegels[37]. Die Bedingungen für die Verkalkung werden dadurch zusätzlich verschlechtert.

Es ist wiederholt diskutiert worden, ob das Vitamin D darüber hinaus einen direkten Einfluß auf das Gleichgewicht zwischen

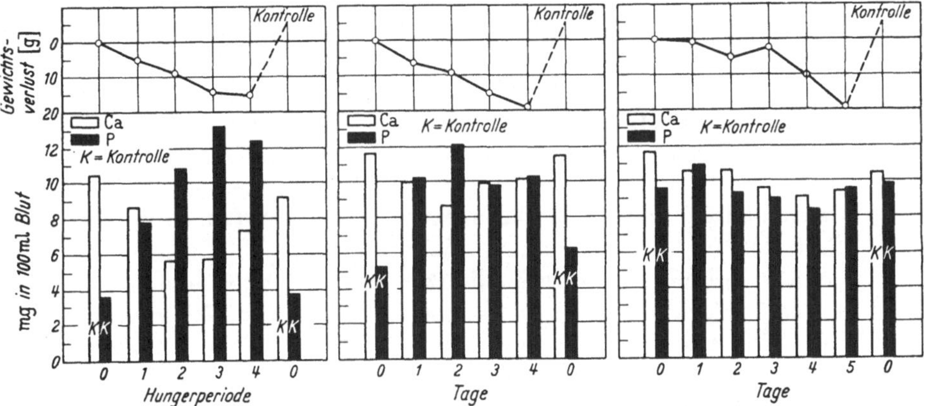

Abb. 4. Beeinflussung des SerumCa-Spiegels durch eine Hungerhyperphosphatämie bei rachitischen Ratten (links), Ratten auf rachitogener Diät mit prophylaktischer D-Gabe (Mitte) und Normaltieren. PARK[29]

Calcium und Phosphor im Serum hat. In diesem Sinne ließen sich z. B. die Befunde von PARK[29] interpretieren, daß die bei totalem Hunger auftretende *P-Steigerung bei rachitischen Ratten* im Gegensatz zu normalen und D-behandelten Tieren eine *Ca-Absenkung im Serum* hervorruft (Abb. 4). In ähnlicher Weise deutet SOBEL[43] die Tatsache, daß völlig unabhängig von der Nahrung bei Ratten, die D erhielten, der Ca/P-Quotient im Serum höher war, und daß Vitamin D selbst bei extrem niedriger P-Zufuhr den SerumP-Spiegel normalisiert. Er vermutet, daß dabei ein bereits *normalerweise im Blut vorhandener, bisher unbekannter Faktor* eine Rolle spielt.

Es hatte lange den Anschein und wird von einigen bedeutenden Autoren bis in die jüngste Zeit aufrechterhalten[29, 44], daß die

*bei der Rachitis auftretenden Knochenveränderungen allein Folge
der humoralen Störungen des Mineralstoffwechsels* sind. Eine
direkte Wirkung des Vitamins D auf den Knochen wird allgemein
erst in den letzten Jahren als möglich[33, 45, 118, 127] oder wahrscheinlich[40] oder als gesichert[119] diskutiert, von vielen aber noch nicht
als hinlänglich bewiesen erachtet[46]. Ich möchte deswegen Befunde, die diese Auffassung belegen, zur Diskussion stellen und
mit solchen beginnen, die ganz *allgemein auf den Knochen als
Angriffspunkt des Vitamins D* hinweisen. JEANS[47] machte die
Beobachtung, daß von zwei Kindergruppen mit gleich hoher
intestinaler Calciumresorption diejenige ein signifikant besseres
Längenwachstum zeigte, die die größeren Mengen Vitamin D
erhielt, während D-Dosen über 1000 E pro Tag das Längenwachstum hemmten. ZETTERSTRÖM und WINBERG[48] fanden bei
einem Patienten mit D-resistenter Rachitis unter D-Therapie
trotz eines sehr ungünstigen Ca/P- Quotienten im Serum eine positive
Calciumbilanz und sehen darin einen Hinweis auf die direkte
Beeinflussung der Verkalkung durch Vitamin D. Umgekehrt
konnten sowohl ALBRIGHT u. Mitarb.[31] als auch VOGT und TØN-
SAGER[49] zeigen, daß *hohe Dosen von Vitamin D* zur *Mobilisation
von Calcium* aus dem Knochen führen. Dem entsprechen Befunde,
daß bei der *D-Hypervitaminose* trotz eines erhöhten Calcium- und
eines normalen Phosphorspiegels *unverkalktes Osteoid* gefunden
wird. Dieser kaum anders als mit einer direkten D-Wirkung
auf den Knochen zu erklärende Befund wird etwas unglück-
lich als *Hypervitaminosis-D-Rachitis* bezeichnet[1, 50]. Die Befunde,
daß Ratten, die bei reichlich Ca- und P-Zufuhr keine Rachitis
bekommen, nach D-Zufuhr eine regelmäßigere Knochenstruktur
zeigen[51], und eine fast gleichartige, bei Hunden von MELLANBY[52]
gemachte Beobachtung weisen ebenso wie Befunde von REED
und REED, die einen Einfluß des Vitamins D auf die Orientierung
der Kristalle als möglich erscheinen lassen[126], in die gleiche
Richtung.

Während direkter Zusatz von Vitamin D keine Wirkung auf
die Verkalkung des rachitischen Knorpels in vitro hat[53, 54], verkalkt dieser im Serum von Normaltieren. Knorpel von Tieren,
denen kurz vor dem Tode größere Dosen Vitamin D gegeben
wurden, bindet in vitro mehr Calcium[55]. Noch eindrucksvoller
sprechen Befunde von DIKSHIT und PATWARDHAN[54] für die

direkte Wirkung des Vitamins D auf den Knochen. Während der Knorpel rachitischer Ratten weder nach 19—20 Std. Inkubation in ROBINSON-ROSENHEIMscher Lösung noch nach sofortiger Fixierung und anschließender Silberfärbung irgendeinen Anhalt von Verkalkung zeigt (Abb. 5), finden sich im Knorpel von Tieren,

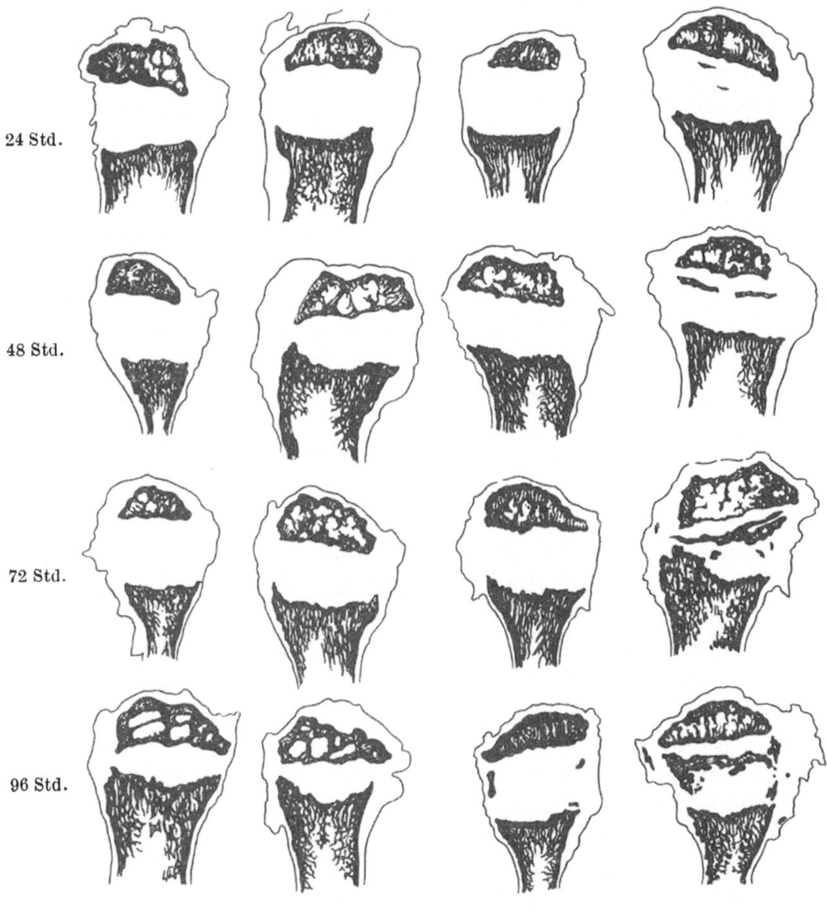

Abb. 5. Mangelnde Verkalkung der Epiphysenlinie rachitischer Ratten in vitro (rechts). Links unmittelbar nach der Entnahme fixierte Kontrolle. DIKSHIT and PATWARDHAN[54]

Abb. 6. Verkalkung der Epiphysenlinie rachitischer Ratten, die 24—96 Std. vor dem Tode 4000 E D-Vitamin erhalten hatten, in vitro (rechts). Links unmittelbar nach der Entnahme fixierte Kontrolle. DIKSHIT and PATWARDHAN[54]

die 24 Std. vor dem Tode 4000 E Vitamin D bekamen, bereits deutliche Kalkablagerungen. Diese werden bei früher erfolgten D-Gaben noch deutlicher (Abb. 6). Wesentlich für die Interpretation der Befunde ist die Tatsache, daß die sofort fixierten Präparate der D-Tiere erst nach 96 Std. die erste Kalkablagerung zeigten.

Diesen wesentlichen allgemeinen Hinweisen entsprechen Befunde über die Ablagerung von Calcium und Phosphor im Knorpel und Knochen bei Rachitis und nach Gabe von Vitamin D. Es sind fast ausschließlich Resultate von Experimenten mit radioaktiven Isotopen. Einschränkend ist gleich zu Anfang festzustellen, daß ihre Deutung nicht immer leicht und z. T. umstritten ist. Das liegt daran, daß die Ergebnisse ganz erheblich von der angewandten Methode abhängen. Eine besondere Rolle spielen dabei die Versuchstiere (am meisten werden Ratten verwendet), die, was Rückschlüsse auf die Verhältnisse beim Menschen anbelangt, nicht ideal sind[56, 118]. Alter[38, 57, 58], Nahrung[57–60], Applikationsweise des Vitamins D[61] und der radioaktiven Substanz spielen eine Rolle[62, 63]. Außerdem ist es nicht gleichgültig, welche Gruppen von Tieren miteinander verglichen werden[60, 63].

So sind aus methodischen Gründen weder die Befunde von COHN und GREENBERG[64] noch die von MORGAREIDGE und MANLY[65], die beide eine vermehrte Einlagerung von ^{32}P in die Epiphyse rachitischer Ratten feststellten und eine direkte D-Wirkung auf die Verkalkung vermuteten, als schlüssige Beweise dafür anzusehen[61]. Die Feststellung, daß Vitamin D einen Einfluß auf die Mineralisation des Callus hat, wurde mit radioaktivem Strontium getroffen[6] und ist deswegen mit Zurückhaltung zu beurteilen. Hinweise auf die direkte Beeinflussung der Verkalkung durch Vitamin D sind Ergebnisse von HARRISON und HARRISON[66] sowie GORDONOFF und MINDER[67]. In beiden Fällen wird eine deutliche Verlangsamung der Einlagerung von ^{45}C im Knochen rachitischer Ratten im Vergleich zu Tieren festgestellt, die bei gleicher Kost Vitamin D erhalten hatten. Ebenfalls nur ein Hinweis ist die von MIGICOVSKY und EMSLIE[34, 38] gemachte Beobachtung, daß hungernde Küken nach Gabe von Vitamin D weniger Calcium im Darm ausscheiden. Andererseits scheinen Untersuchungen der gleichen Autoren[62] überhaupt gegen eine direkte Wirkung des Vitamins D beim Küken zu sprechen, da sie zwischen der Einlagerung von parenteral verabfolgtem ^{45}Ca in den Knochen mit und ohne Vitamin D keinen Unterschied sahen. Doch ist dieser Schluß deshalb nicht beweisend, weil sie bei einer sehr calciumarmen Kost einen schnelleren Calciumaustausch bei den D-Tieren fanden. Die Beweiskraft dieser Befunde wird auch von UNDERWOOD und Mitarbeitern in Zweifel gezogen[63].

Durch den sowohl von CARLSSON[68] als auch von LINDQUIST[69] geführten Nachweis, daß Vitamin D bei Ratten mit extrem niedrigem Calciumgehalt der Nahrung eine Mobilisation von Calcium aus dem Knochen bewirkt, ist der Knochen als Angriffspunkt der direkten Wirkung des Vitamins D zwar gesichert, der Nachweis über den Einfluß auf die Calciumeinlagerung aber immer noch nicht geführt. Nach parenteraler Gabe von ^{45}Ca beobachteten sowohl GREENBERG[70] als auch LINDQUIST[36] eine vermehrte Radioaktivität in den Knochen rachitischer Ratten, die Vitamin D erhalten hatten. Im Gegensatz zu GREENBERG beurteilt LINDQUIST[36] seine Befunde bezüglich der direkten D-Wirkung zurückhaltend. Die von JONES und COPP[71] gemachte Feststellung, daß rachitische Ratten im Vergleich zu gesunden Tieren wesentlich weniger von parenteral verabfolgtem ^{89}Sr und ^{90}Sr im Knochen retinieren, würde diese Befunde besser ergänzen und bestätigen, wenn die Tiere nicht extrem phosphorarm ernährt worden wären. UNDERWOOD und Mitarbeiter[63] stellten bei Ratten und MIGICOVSKY und JAMIRSON[59] bei Küken fest, daß die vermehrte Einlagerung von ^{45}Ca in den

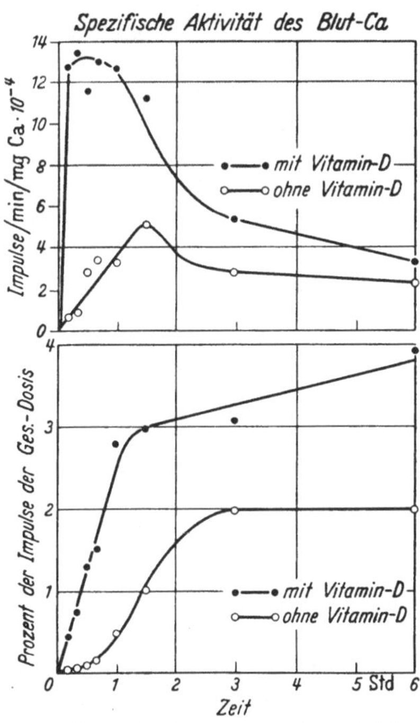

Abb. 7. Spezifische Aktivität des Blutes und der Knochen von Küken nach Gaben von C$_{45}$ mit und ohne Vitamin D. MIGICOVSKI and JAMIRSON[59]

Knochen bei Tieren, die Vitamin D erhalten hatten, auch dann
anhielt, wenn die Blutaktivität absank (Abb. 7). Im Gegensatz zu
den letzteren und in Übereinstimmung mit den ersteren möchte
ich darin ein Zeichen einer direkten Wirkung von Vitamin D auf
den Knochen sehen.

Ob die Veränderung, die Vitamin D im *Citronensäuregehalt
des Knochens* verursacht, ebenfalls im gleichen Sinne ausgelegt
werden muß, steht noch zur Diskussion. Der Sachverhalt ist

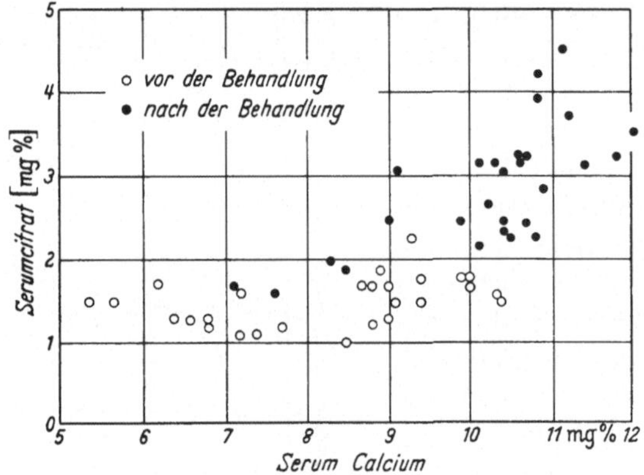

Abb. 8. Beziehungen zwischen Serumcitrat- und Ca-Spiegel bei rachitischen Säuglingen
vor und nach D-Behandlung. HARRISON[78]

folgender: Während mineralarme Ernährung den Citronensäure-
und Aschegehalt des Knochens bei Ratten in gleicher Weise vermindert, *nimmt bei der Rachitis der Citronensäuregehalt ungleich
stärker ab*, so daß der Quotient Asche/Citronensäure etwa auf das
Doppelte ansteigt[72, 73]. Weder Gaben von Phosphor[61, 74] noch von
Citronensäure[75], die beide zu einer Heilung der Rattenrachitis führen,
vermögen den Citronensäuregehalt des Knochens so zu vermehren
wie Gaben von Vitamin D[72, 75]. Diese führen außerdem zu einer
Vermehrung des Citronensäuregehaltes in Niere und Herz, vielleicht auch im Darm, nicht aber in der Leber[74].

Dem entspricht der Befund, daß *rachitische Säuglinge* einen
verminderten Citronensäurespiegel im Serum haben, der nach
Gabe von Vitamin D wieder ansteigt[76] (Abb. 8) und bei der
Vitamin D-Intoxikation erhöht ist[45]. *Die Erniedrigung des
Citronensäurewertes hat keine direkten Beziehungen zum Serum-*

Ca-Spiegel. Seiner Restitution entspricht jedoch eine sowohl bei Ratten[77] als auch bei rachitischen Säuglingen nach Gaben von Vitamin D beobachtete Citraturie. Eigenartigerweise kommt es bei der *Citronensäuretherapie* der Rachitis *weder zu einer Erhöhung des Citratspiegels* im Blut *noch zu einer Citraturie*[78].

Die Befunde sind selbst dann schwer zu deuten, wenn man die Veränderungen des Serumcitrates ausklammert, da diese auch unabhängig vom Vitamin D auftreten können[45, 79, 80]. Gesichert ist, daß eine vermehrte Citronensäureresorption aus dem Darm dabei keine Rolle spielt[76, 77], so daß lediglich eine Zunahme der Bildung von Citronensäure im Gewebe in Frage kommt[76]. Dafür, daß Vitamin D darauf einen direkten Einfluß ausübt, bestehen bislang nur geringe und keinesfalls sichere Anhaltspunkte[81], so daß dieser von HARRISON[78] bezweifelt wird.

Die Verhältnisse sind auch leider dadurch nicht klarer geworden, daß *Rattenrachitis durch Gaben von Natriumcitrat oder Citronensäure verhütet oder geheilt*[82, 125] und menschliche Rachitis günstig beeinflußt werden kann[76, 84, 85]. Letzteres wurde von manchen Autoren nicht bestätigt[86, 87]. Es ist bislang nur bekannt, daß bei Ratten nach Citronensäuretherapie der Austausch von [45]Ca weiterhin langsamer ist als nach Gaben von Vitamin D[67], und daß sowohl der Asche- als auch der Citronensäuregehalt des Knochens niedriger bleibt als bei Ratten, die mit Vitamin D behandelt wurden[75]. Da parenterale Gaben von Citronensäure keinen Einfluß auf die Rachitisheilung bei Ratten haben[72], sondern anscheinend — jedenfalls bei Hunden — eher die Kalkmobilisation fördern[88], wird angenommen, daß die *Fähigkeit der Citronensäure, Calciumkomplexe zu bilden* und so die Calciumresorption im Darm zu beeinflussen, *für ihre antirachitische Wirkung verantwortlich ist*[76, 82, 89–91]. Es wird von HARRISON[78] für möglich gehalten, daß dazu noch eine *lokale Wirkung* kommt, während HEINZ, MÜLLER und ROMINGER[89, 90] sowie GRAB[40] vermuten, daß der gebildete Calciumcitratkomplex die *Transportform des Calciums im Serum* darstellen könnte, so daß auf diese Weise eine Präcipitation im Knochen erleichtert wird.

Es ist nun über den *Einfluß des Vitamins D auf die Knochenstrukturen* zu berichten. Diesen Begriff möchte ich weit fassen und darin die Glykogeno- und Glykolyse sowie die Phosphatase einbeziehen. Während PARK[29] nicht an eine direkte Beeinflussung der Osteoblasten und Osteocyten durch Vitamin D glaubt, berichten EGER[92] und FOLLIS JR.[93] über eine *Aktivierung* bzw. über eine *vermehrte Proliferation von Osteoblasten* nach Gaben von Vitamin D, während hohe Dosen die Osteoblasten hemmen. Im Einklang damit steht eine Beobachtung von HELLER-STEINBERG[94], die sowohl *in Osteoblasten* als auch *in Osteocyten bei Rachitis* histochemisch ein *Verschwinden glykoproteidhaltiger Granula* feststellte, die nach Gaben von Vitamin D bei der Heilung wieder auftraten. In Anlehnung an GERSH[95] wird der Befund als eine

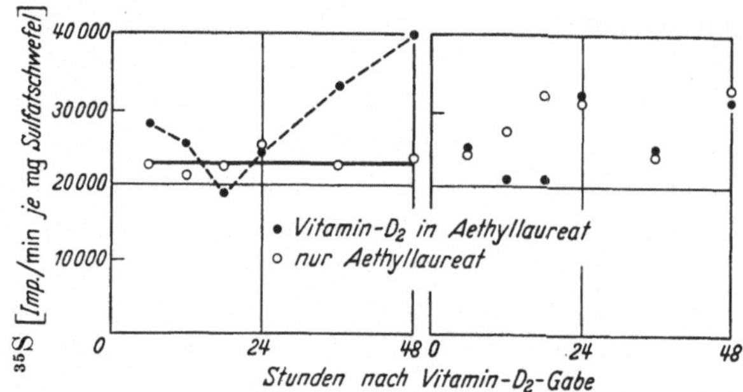

Abb. 9. Einbau von ³⁵S in Chondroitinschwefelsäure bei Ratten mit und ohne Vitamin D-Gabe. DZIEWIATKOWSKI[97]

gestörte Bildung von Grundsubstanz interpretiert, zumal sie — ebenfalls mit histochemischen Methoden — deren Depolymerisation bei der Rachitis wahrscheinlich machen konnte. Dieser Befund wurde von COBB[96] bestätigt. Andererseits fand DZIEWIATKOWSKI[97] nach Gaben von Vitamin D einen verstärkten Einbau von ³⁵S in Chondroitinschwefelsäure (Abb. 9). CARLSSON[98] erhob diesen Befund ebenfalls, jedoch nur dann, wenn Vitamin D gleichzeitig einen Wachstumsimpuls auslöste. Er zieht aus diesem Grunde die von DZIEWIATKOWSKI[97] vermutete *spezifische Beeinflussung des Schwefeleinbaus in Chondroitinschwefelsäure durch Vitamin D* in Zweifel.

Störungen des Kohlenhydratstoffwechsels inner- und außerhalb des Knochens werden sowohl bei der experimentellen Rachitis der Ratte und anderer Tiere als auch bei der D-Mangelrachitis des Menschen gefunden. So ist z. B. lange bekannt, daß *rachitischer Knorpel glykogenarm* ist[29, 96, 99, 100]. COBB[96] fand außerdem in rachitischem Knorpel und Knochen Verschiebungen des Phosphorylasegehaltes, die sich bei der Heilung nur langsam zurückbildeten. Für einen wichtigen Befund halte ich die Entdeckung von TULPULE und PATWARDHAN[81] (Abb. 10), daß *rachitischer Knorpel* zunehmend *die Fähigkeit verliert*, in vitro zugesetzte *Brenztraubensäure zu oxydieren*, während Leber und Niere der gleichen Tiere diese Leistung weiterhin in normalem Ausmaß vollbringen. Die Brenztraubensäureoxydation in vitro bleibt im Bereich normaler Tiere, wenn der rachitogenen Diät Vitamin D zugesetzt wird.

Interessanterweise finden sich in der Rachitisliteratur verstreut eine Anzahl gleichsinniger Beobachtungen, wenn sie auch mit diesem Befund nicht unmittelbar verknüpft werden können. So fand sich bei *rachitischen Kaninchen und Hunden* nach Arbeit *im Muskel eine Vermehrung schwer hydrolysierbarer Phosphorsäureester*, die für Hexose- und Triosephosphate gehalten wurden, während die Kreatinphosphorsäure stark absank [101–103]. Andererseits wurde in der Muskulatur rachitischer Ratten eine *verminderte Synthesefähigkeit* in Gegenwart von

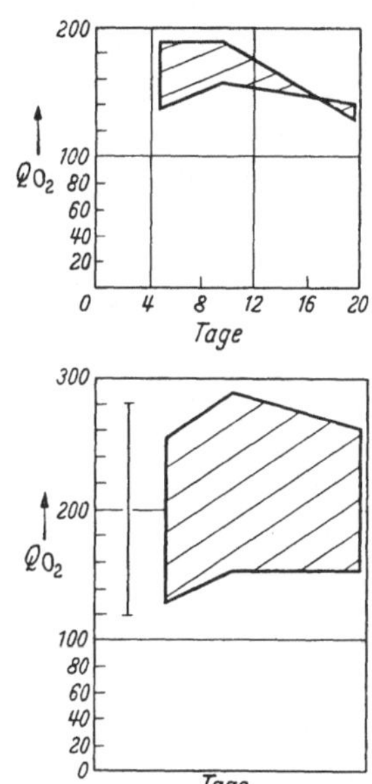

Abb. 10. Q_{O_2}-Zuwachs ⬚ nach Zusatz von Brenztraubensäure zu rachitischem Knorpel (oben) und zu Knorpel von Ratten, die rachitogene Diät + Vitamin D erhalten hatten (unten). I Normalbereich. Nach TULPULE and PATWARDHAN[81]

Fluoridionen gefunden[104]. Blut rachitischer Säuglinge und Blut und Leber rachitischer Ratten zeigen mit Glucose als Substrat eine *Hemmung bis Aufhebung der Glykolyse*[105, 106]. Außerdem fand sich bei rachitischen Säuglingen ein auffallend *niedriger Blutmilchsäurespiegel*[107]. Da die Glykolysehemmung nach Zusatz von Glucosephosphat reversibel ist, wird vermutet, daß ihre Ursache eine Beeinträchtigung der Phosphorylierung von Glucose sein könnte[108]. In diesem Zusammenhang sind drei Beobachtungen sehr interessant. RUPP[109] fand, daß das Blut eines Patienten mit D-resistenter Rachitis nach Inkubation mit ^{32}P eine verminderte Synthesefähigkeit für ATP bei vermehrter Bildung von Kreatinphosphorsäure zeigte. Räihä und Forsander[129] stellen eine *Hemmung der Phosphorylierung von Vitamin B_1* bei Vitamin D-Mangel fest. Dagegen berichtet Freudenberg[110] über eine wesentliche *Besserung der D-resistenten Rachitis* bei einem Patienten nach einer *intramuskulären Behandlung mit ATP*. Die Bestätigung dieser Befunde würde sehr interessante Aspekte eröffnen. Bekannt ist jedoch bereits, daß *ATP im rachitischen Knorpel nicht vermindert ist*[111].

Die bislang mitgeteilten Befunde über das Verhalten der alkalischen *Phosphatasen* bei Rachitis und unter dem Einfluß von Vitamin D erlauben keine einheitliche Deutung. Es ist bekannt, daß sowohl bei der experimentellen als auch der spontanen Rachitis die *Aktivität der alkalischen Phosphatase im Knochen und Serum* deutlich gesteigert ist. Die Ursache ist bei Ratten eine *Verminderung des phosphatasereichen hypertrophischen Knorpels* und nicht eine Verminderung der Phosphataseaktivität in den einzelnen Zellelementen[122]. Die Steigerung der Phosphataseaktivität geht nach Vitamin D-Gaben zurück. Andererseits beobachteten Zetterström und Ljunggren[112] in vitro eine erhebliche *Aktivierung* der alkalischen Phosphatasen von Niere, Darm und Knochen *nach Zusatz von phosphoryliertem Vitamin D_2*. Und schließlich gibt es ein seltenes, allem Anschein nach auf einer angeborenen, erblichen Fermentstörung beruhendes Krankheitsbild, die *Hypophosphatasie* oder *Osteometamorphosis fetalis*, deren histologische Veränderungen nicht von den bei Rachitis auftretenden zu unterscheiden sind, bei der die *Aktivität der alkalischen Phosphatase in allen bisher untersuchten Organen* einschließlich des Knochens ebenso wie im Serum *extrem niedrig* ist[113–115]. Kinder, die an dieser Krankheit leiden, scheiden Phosphoäthanolamin im Urin aus[123, 124], das als eines der Substrate für die Phosphatase angesehen wird[118].

Der *primäre Angriffspunkt des Vitamins D* im Stoffwechsel der Zelle ist nach wie vor *unbekannt*. Entsprechend der Vielzahl der eben vorgetragenen, z. T. heterogenen Befunde sind eine Anzahl von Hypothesen geäußert worden. Die wichtigsten seien kurz genannt: Migicovski und Jamirson[59] vermuten die *Bildung eines Calcium-D-Komplexes* und versuchen so die Calciumresorption sowie den Einfluß auf die Verkalkung zu erklären.

ZETTERSTRÖM hält eine *Beeinflussung der Phosphatasen* für möglich[112]. COBB[96] sowie DZIEWIATKOWSKI[97] denken an eine *Kontrolle der Bildung von Grundsubstanz.* Erstere hält eine Beteiligung am Glykogenabbau für möglich, während letzterer eine Wirkung auf die Synthese von Chondroitinschwefelsäure vermutet. TULPULE und PATWARDHAN[81] einerseits und HARRISON[45] andererseits nehmen dagegen einen vielleicht mit dem Citronensäurezyklus verknüpften *Einfluß auf den Energiestoffwechsel der Zelle* an, eine Hypothese, für die in ihrer allgemeinsten Fassung eine Anzahl von Befunden sprechen*.

Die vorgetragenen Befunde haben gezeigt, daß unsere Kenntnisse über die Wirkung des Vitamins D noch den Charakter von Bausteinen eines Mosaiks haben und noch kein übersichtliches Bild ergeben. Doch hoffe ich dargelegt zu haben, daß neben einer ganzen Anzahl von mehr oder weniger eindeutigen Hinweisen einige *Befunde vorliegen, die kaum anders als mit einem direkten Eingreifen des Vitamins D in den Knochenstoffwechsel* — in eine bislang noch unbekannte Reaktion — *erklärt werden können.* In der *Pathogenese der Rachitis* spielen demnach *humorale Faktoren nicht die alleinige Rolle.* Dies zeigen auch elektronenoptische Befunde von WILHELM[116], aus denen sehr klar hervorgeht, *daß selbst morphologisch die ersten pathologischen Veränderungen* bereits *vor der Zone der präparatorischen Verkalkung festzustellen sind.*

„Bei Rachitis werden *Kalksalzmassen in unzureichender Menge eingelegt* oder *unzureichend fixiert,* weil die *spezifische Affinität mangelt.* Die Ursache dafür ist eine rückständige Metaplasie des Gewebes, die ihrerseits zu begründen vorläufig jede sichere Grundlage fehlt. Vorstellbar ist aber, daß es sich um eine *funktionelle Störung im Leben der Zellen* handelt, von denen aus ein aktives Prinzip . . . auf die umliegenden Gewebsmassen umgestaltend einwirken soll."

Diese vor mehr als 50 Jahren von M. VON PFAUNDLER[117] vertretene Meinung tritt damit nach langer Vergessenheit wieder in die Diskussion über die Rachitispathogenese ein.

---

* Ein weiterer Hinweis darauf wäre der von ZETTERSTRÖM und LJUNGGREN [Acta chem. scand. (Copenh.) 5, 343 (1951)] erhobene Befund, daß phosphoryliertes Vitamin D_2 in vitro die O_2-Aufnahme in einem System von Nierenmitochondrien mit Adenosin-5-phosphat, Glucose und Hexokinase in Anwesenheit von K, Mg, F und P-Ionen steigert. Der Befund konnte bisher jedoch nicht bestätigt werden[61].

Literatur

[1] FOLLIS, R. H.: Trans. Macy Conf. Metabol. Interrel. **5**, 196 (1953).

[2] WOLBACH, S. B.: In W. H. SEBRELL and R. S. HARRIS: The Vitamins. Vol. I, p. 106. New York 1954.

[3] MELLANBY, E.: Proc. Roy. Soc. (London) **132**, 28 (1944).

[4] MELLANBY, E.: J. of Physiol. **105**, 382 (1947).

[5] WOLBACH, S. B.: J. Bone a. Joint Surg. **29**, 171 (1947).

[6] COPP, D. H., and D. M. GREENBERG: J. Nutrit. **29**, 261 (1945).

[7] DZIEWIATKOWSKI, D. D.: J. of Exper. Med. **100**, 11 (1954).

[8] BOMSKOV, C., u. G. SEEMANN: Z. exper. Med. **89**, 771 (1933).

[9] BARNICOT, N. A.: Nature (London) **162**, 848 (1948).

[10] BARNICOT, N. A.: J. of Anat. **84**, 374 (1950).

[11] FELL, H. B., and E. MELLANBY: Brit. Med. J. **1950**, 535.

[12] FELL, H. B., and E. MELLANBY: J. of Physiol. **119**, 470 (1953).

[13] REID, M. E.: In W. H. SEBRELL and R. S. HARRIS, The Vitamins. Vol. I, p. 269. New York 1954.

[14] MACLEAN, D. L., M. SHEPPARD and E. W. McHENRY: Brit. J. Exper. Path. **20**, 451 (1939).

[15] ASCHOFF, L., u. W. KOCH: Eine pathologisch-anatomische Studie. Jena: G. Fischer 1919.

[16] WOLBACH, S. B.: J. Amer. Med. Assoc. **108**, 7 (1937).

[17] HÖJER, J. A.: Acta paediatr. (Stockh.) Suppl. **3** (1924).

[18] FOLLIS, R. H. JR.: The Pathology of Nutrition Disease. Springfield, Ill.: Ch. C. Thomas 1948.

[19] LIGHTFOOT, L. H., and T. B. COOLIDGE: J. of Biol. Chem. **176**, 477 (1948).

[20] SADHU, D. P.: Ind. J. Physiol. a. Allied Sci. **6**, 49 (1952); zit. nach M. E. REID[13].

[21] MEYER, A. W., and L. M. McCONNICH: Stanford Univ. Publ. Univ. Ser. Med. Sci. **2** (1928); zit. nach M. E. REID[13].

[22] GOULD, B. S., and H. SCHWACHMANN: J. Nutrit. **23**, 271 (1942).

[23] HARRER, C. J., and C. G. KING: J. of Biol. Chem. **138**, 111 (1941).

[24] DANILS, A. L., G. J. EVERSON, O. E. WRIGHT, M. F. DEARDORFF and F. I. SCOULAR: J. of Nutrit. **14**, 317 (1937).

[25] HENRY, K. M., and S. K. KON: Biochemic. J. **33**, 1652 (1939).

[26] MALLON, M. G., and D. J. LORD: J. Amer. Dietet. Assoc. **18**, 303 (1942); zit. nach M. E. REID[13].

[27] LUST, F., u. L. KLOCMANN: Jb. Kinderheilk. **75**, 663 (1912).

[28] BURNS, J. J., H. B. BURCH and C. B. KING: J. of Biol. Chem. **191**, 501 (1951).

[29] PARK, E. A.: Arch. Dis. Childh. **1954**, 369.

[30] NICOLAYSEN, R.: Biochemic. J. **31**, 107, 122, 323 (1937).

[31] ALBRIGHT, F., C. H. BURNETT, W. PARSON, E. C. REIFENSTEIN and A. ROOS: Medicine **25**, 399 (1946).

[32] HOUET, R.: C. r. Soc. Biol. (Paris) **140**, 1207, 1209 (1946); Ann. paediatr. (Basel) **172**, 28 (1949).

[33] MACH, R. S., J. FABRE u. R. DELLA SANTA: Schweiz. med. Wschr. **1948**, 453.

[34] MIGICOVSKI, B. B., and A. R. G. EMSLIE: Arch. of Biochem. **20**, 325 (1948).

[35] NICOLAYSEN, R.: Acta physiol. scand. (Stockh.) **22**, 260 (1951).

[36] LINDQUIST, B.: Acta paediatr. (Stockh.) Suppl. **86** (1952).

[37] ALBRIGHT, F., and E. C. REIFENSTEIN: Parathyreoid Glands and Metabolic Bone Disease. London: Baillière Tindall and Cox 1948.

[38] MIGICOVSKI, B. B., and A. R. G. EMSLIE: Rev. Canad. Biol. **8**, 330 (1949).

[39] CARLSSON, A.: Acta physiol. scand. (Stockh.) **31**, 301 (1954).

[40] GRAB, W.: Mschr. Kinderheilk. **101**, 163 (1953).

[41] ANTONI, K., u. H. D. CREMER: Biochem. Z. **326**, 311 (1955).

[42] CREMER, H. D., W. HERR u. H. SPÄTH: Biochem. Z. **322**, 212 (1951).

[43] SOBEL, A. E.: Trans. Macy Conf. Metabol. Interrel. **5**, 43 (1953).

[44] WOLBACH, S. B.: Zit. nach NICOLAYSEN u. EEG-LARSEN[61].

[45] HARRISON, H. E.: Pediatrics 14, 285 (1954).

[46] Trans. Macy Conf. Metabol. Interrel. New York **3** (1951).

[47] JEANS, P. C.: J. Amer. Med. Assoc. **143**, 177 (1950).

[48] ZETTERSTRÖM, R., u. J. WINBERG: Acta paediatr. (Stockh.) **44**, 45 (1955).

[49] VOGT, J. H., u. A. TØNSAGER: Acta med. scand. (Stockh.) **135**, 245 (1949).

[50] HAM, A. W., and M. D. LEWIS: Brit. J. Exper. Path. **15**, 228 (1934).

[51] NICOLAYSEN, R., u. J. JANSEN: Acta paediatr. (Stockh.) **23**, 405 (1939).

[52] MELLANBY, E.: J. of Physiol. **109**, 488 (1949).

[53] ROBINSON, R., and A. H. ROSENHEIM: Biochemic. J. **28**, 684 (1934).

[54] DIKSHIT, P. K., and V. N. PATWARDHAN: Ind. J. Med. Sci. **6**, 107 (1952).

[55] LANDTMAN, B.: Acta physiol. scand. (Stockh.) **8**, Suppl. 24 (1944).

[56] ULLRICH, O.: Verh. dtsch. Ges. Kinderheilk. **1927** (Budapest), S. 362.

[57] NICOLAYSEN, R.: Acta physiol. scand. (Stockh.) **5**, 200 (1943).

[58] HANSARD, S. L., L. COMAR and PLUMLEE: Proc. Soc. Exper. Biol. a. Med. 78, 455 (1951).

[59] MIGICOVSKI, B. B., and J. W. S. JAMIRSON: Canad. J. Biochem. a. Physiol. **33**, 202 (1955).

[60] CARLSSON, A.: Acta pharmacol. et toxicol. 9, 32 (1953).

[61] NICOLAYSEN, R., and N. EEG-LARSEN: The Biochemistry and Physiology of Vitamin D. Vitamins and Hormones XI. New York: Academic Press Inc. 1953.

[62] MIGICOVSKI, B. B., and A. R. G. EMSLIE: Arch. of Biochem. **28**, 324 (1950).

[63] UNDERWOOD, E., S. FISCH and H. C. HODGE: Amer. J. Physiol. **166**, 387 (1951).

[64] COHN, W. E., and D. M. GREENBERG: J. of Biol. Chem. **130**, 625 (1939).

[65] MORGAREIDGE, K., and M. L. F. MANLY: J. Nutrit. 18, 411 (1939).

[66] HARRISON, H. E., and H. C. HARRISON: J. of Biol. Chem. **185**, 857 (1950).

[67] GORDONOFF, T., u. W. MINDER: Internat. Z. Vitaminforschung **23**, 501 (1952).

[68] CARLSSON, A. S.: Acta physiol. scand. (Stockh.) **26**, 212 (1952).

[69] LINDQUIST, B.: Helvet. paediatr. Acta **10**, 131 (1955).

[70] GREENBERG, D. M.: J. of Biol. Chem. **157**, 99 (1945).

[71] JONES, D. C., and D. H. COPP: J. of Biol. Chem. **189**, 509 (1951).

[72] NICOLAYSEN, R., u. R. NORDBØ: Acta physiol. scand. (Stockh.) **5**, 212 (1943).

[73] SLATE, W. L.: Connecticut Agr. Exper. Sta. Bull. No. 484 (1945).

[74] STEENBOCK, H., and S. A. BELLIN: J. of Biol. Chem. **205**, 985 (1953).

[75] BURMEISTER, W.: Z. Kinderheilk. **73**, 312 (1953).

[76] HARRISON, H. E., and H. C. HARRISON: Yale J. Biol. a. Med. **24**, 273 (1952).

[77] BELLIN, S. A., and H. STEENBOCK: J. of Biol. Chem. **199**, 311 (1952).

[78] HARRISON, H. E.: Trans. Macy Conf. Metabol. Interrel. **5**, 307 (1953).

[79] ALWALL, N.: Acta med. scand. (Stockh.) **116**, 322, 327 (1944).

[80] FREEMANN, S., and T. S. CHANG: Amer. J. Physiol. **160**, 341 (1950).

[81] TULPULE, P. G., and V. N. PATWARDHAN: Biochemic. J. **58**, 61 (1954).

[82] DEWAR, M., and B. HAMILTON: Amer. J. Dis. Childr. **54**, 548 (1937).

[83] ROMINGER, E.: Arch. Kinderheilk. **13**, 53 (1944).

[84] GLANZMANN, E., K. MEIER u. B. WALTHARD: Z. Vitaminforsch. **17**, 159 (1949).

[85] WINKLER, W.: Ann. paediatr. (Basel) **172**, 129 (1949).

[86] JONXIS, J. H. P.: Helvet. paediatr. Acta **10**, 245 (1955).

[87] GOMORI, G., and E. GULYAS: Proc. Soc. Exper. Biol. a. Med. **56**, 226 (1944).

[88] HEINZ, E., E. MÜLLER u. E. ROMINGER: Z. Kinderheilk. **65**, 101, 637 (1948).

[90] HEINZ, E.: Angew. Chem. **61**, 256 (1949).

[91] KLINKE, K.: Mschr. Kinderheilk. **98**, 113 (1951).

[92] EGER, W.: Dtsch. med. Wschr. **1949**, 303

[93] FOLLIS, R. H. JR.: pers. Mitteilung an J. E. HOWARD, Bull. New York Acad. Med. **27**, 24 (1951).

[94] HELLER-STEINBERG, M.: Amer. J. Anat. **89**, 347 (1951).

[95] GERSH, J.: The Harvey Lect. Series 45, S. 211. Baltimore 1952.

[96] COBB, J. D.: A. M. A. Arch. of Path. **55**, 416 (1953).

[97] DZIEWIATKOWSKI, D. D.: J. of Exper. Med. **100**, 1 (1954).

[98] CARLSSON, A.: Acta physiol. scand. (Stockh.) **31**, 312 (1954).

[99] SUPPER: Frankf. Z. Path. **26** (1921).

[100] FOLLIS, R. H. JR.: Trans. Macy Conf. Metabol. Interrel. **1**, 27 (1949).

[101] RÄIHÄ, C. E., E. HELSKE, H. PEITSARA u. E. VEHNIÄNEN: Acta paediatr. scand. (Stockh.) **19**, 433 (1937).

[102] PEITSARA, H.: Skand. Arch. Physiol. (Lpz.) **77**, 69 (1937).

[103] PEITSARA, H.: Acta paediatr. scand. (Stockh.) **31**, Suppl. III (1944).

[104] HENTSCHEL, H., u. E. ZOELLER: Z. Kinderheilk. **44**, 146 (1927).

[105] FREUDENBERG, E., u. A. WELCKER: Z. Kinderheilk. **41**, 466 (1926).

[106] BROCK, J., u. A. WELCKER: Z. Kinderheilk. **43**, 193 (1927).

[107] GYÖRGY, P., TH. BREHME u. M. B. BRAHDY: Jb. Kinderheilk. **118**, 178 (1928).

[108] HENTSCHEL, H.: Mschr. Kinderheilk. **38**, 67 (1928).

[109] RUPP, W.: Helvet. paediatr. Acta **10**, 111 (1955).

[110] FREUDENBERG, E.: Ann. paediatr. (Basel) **182**, 85 (1954).

[111] ALBAUM, H. G., A. HIRSCHFELD and A. E. SOBEL: Proc. Soc. Exper. Biol. a. Med. **79**, 239 (1952).

[112] ZETTERSTRÖM, R., u. M. LJUNGGREN: Acta chem. scand. (Copenh.) **5**, 283 (1951).

[113] RATHBURN, J. C.: Amer. J. Dis. Childr. **75**, 822 (1948).

[114] SOBEL, E. H., L. C. CLARK, R. P. FOX and M. ROBINOW: Pediatrics **11**, 309 (1953).

[115] ENGFELD, B., and S. ZETTERSTRÖM: J. of Pediatr. **45**, 125 (1954).

[116] WILHELM, G.: Z. Kinderheilk. **76**, 73 (1955).

[117] PFAUNDLER, M. v.: Jb. Kinderheilk. **60**, 123.

[118] HOLMAN, W. I. M., and R. A. McCANCE: Brit. Med. Bull. **12**, 27 (1956).

[119] FANCONI, G.: 62. Tagung Dtsch. Ges. inn. Med. Wiesbaden 1956.

[120] REDDI, K. K., and A. NÖRSTROM: Nature (London) **173**, 1232 (1954).

[121] PERKINS, H. R., and S. S. ZILVA: Biochemic. J. **47**, 306 (1950).

[122] MORSE, A., and R. O. GREEP: Anat. Rec. **111**, 193 (1951).

[123] McCANCE, R. A., A. M. MORRISON and C. E. DENT: Lancet **1955**, 131.

[124] FRASER, D., E. R. YENDT and F. H. E. CHRISTIE: Lancet **1955**, 286.

[125] SHOHL, A. T.: J. Nutrition **14**, 69 (1937).

[126] REED, C. I., and B. P. REED: Amer. J. Physiol. **143**, 413 (1945).

[127] McLEAN, F. C., and M. R. URIST: Bone. An Introduction to the Physiology of Sceletal Tissue. Chicago: The University of Chicago Press 1955.

[128] PELC, MELLANBY, FELL: unveröffentlicht; zit. nach H. B. FELL, Brit. Med. Bull. **12**, 35 (1956).

[129] RÄIHÄ, C. E., u. O. FORSANDER: Acta paediatr. scand. (Stockh.) **43**, Suppl. **100**, 541 (1954).

[130] WEBER, G., u. F. SCHMID: Röntgendiagnostik im Kindesalter. München: J. F. Bergmann 1955.

[131] HARRISON, H. E., and H. C. HARRISON: J. of Biol. Chem. **188**, 83 (1951).

[132] HARRISON, H. E.: Trans. Macy Conf. Metabol. Interrel. **5**, 155 (1953).

Diskussion

Mit 7 Textabbildungen

WILHELM (Frankfurt a. M.): Anhand von einigen Bildern möchte ich auf die Bedeutung der Knorpelzellen für den Verknöcherungsprozeß hinweisen.

Zu Beginn zeige ich Ihnen drei elektronenoptische Aufnahmen.

Sie sehen hier eine Aufnahme des Säulenknorpels (Abb. 1). Die Knorpelzellen hebensich deutlich von der Grundsubstanz ab, sie sind strahlenundurchlässig. Dieses Verhalten der Knorpelzellen tritt erst in der Wachstumszone auf. Die ruhende Knorpelzelle zeigt keinen Kontrast gegenüber der Knorpelgrundsubstanz. Die Zellen nehmen also beim Eintritt in die Wachstumszone eine kontrastgebende Substanz auf. Da die Elektronenabsorption von der Flächendichte abhängt, muß man annehmen, daß eine solch erhebliche

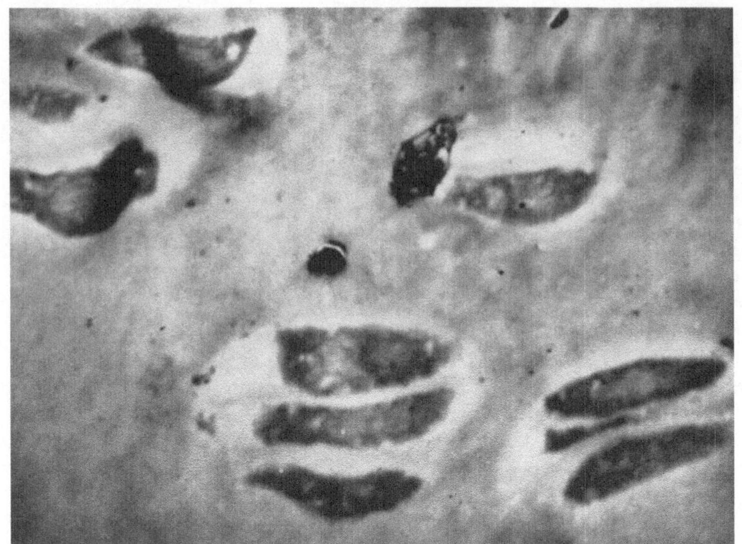

Abb. 1

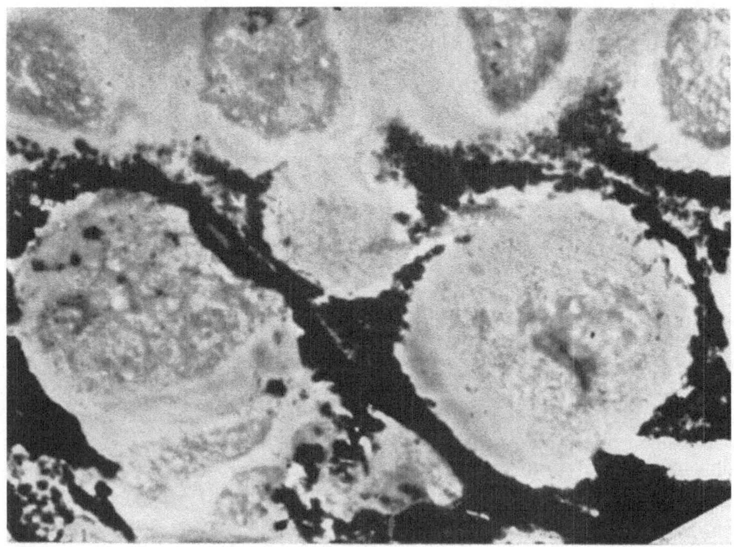

Abb. 2

Dichtezunahme nur durch Einlagerung einer Substanz, die Elemente von höherem Atomgewicht enthält, möglich ist.

Das nächste Bild zeigt die beginnende präparatorische Verkalkung (Abb.2). Es fällt hierbei auf, daß die Ca-Salzeinlagerung rund um die Knorpelzellen erfolgt. Elektronenbeugungsaufnahmen ergaben hier charakteristische Apatit-Diagramme.

Es folgt eine Aufnahme von rachitischem Blasenknorpel. Die kontrastreiche Substanz ist bis auf wenige Reste verlorengegangen (Abb. 3).

Neuerdings hat nun H. MERGLER auf Anregung von B. RAJEWSKY im M. P. I. für Biophysik Frankfurt a. M. eine Röntgenanlage entwickelt, mit

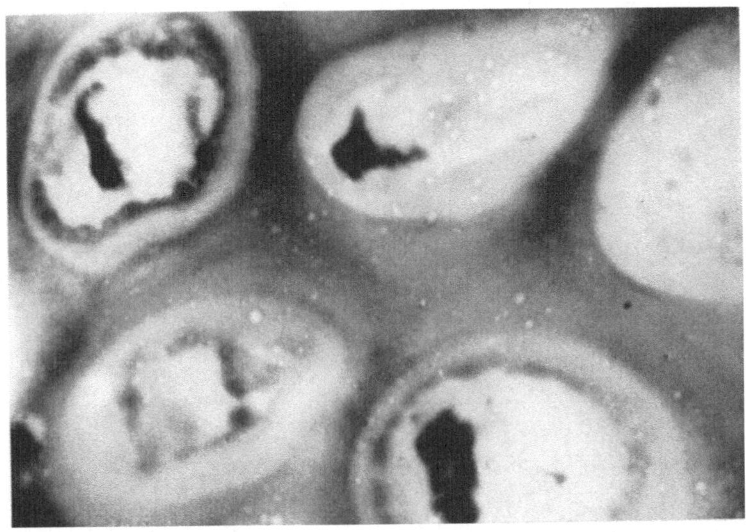

Abb. 3

der hochauflösende Mikroradiographien zu erhalten sind. Ich zeige Ihnen zuerst zum Vergleich das lichtoptische Bild des ungefärbten Schnittes einer normalen Epiphysenfuge (Abb. 4).

Das nächste Bild bringt die Röntgenaufnahme desselben Schnittes (Abb. 5). Sie wurde mit 1200 V Röhrenspannung gemacht. Helle Stellen sind hochabsorbierend, dunkle Stellen schwach absorbierend. Im Zellplasma findet sich auch hier wieder eine hochabsorbierende Substanz. Sie tritt gegenüber der elektronenoptischen Aufnahme noch deutlicher hervor. Da die Röntgenstrahlenabsorption potenzmäßig von der Ordnungszahl abhängig ist, vermuten wir, daß diese Substanz Elemente von höherer Ordnungszahl enthält.

Bei der Aufnahme einer rachitischen Epiphysenfuge ist der unterschiedlich starke Verlust dieser Substanz in den einzelnen Zellen zu sehen (Abb. 6). Bei der Rachitisheilung tritt nur eine Ca-Salzausfällung in der Umgebung von Zellen auf, die diese Substanz wieder in hoher Konzentration enthalten (Abb. 7).

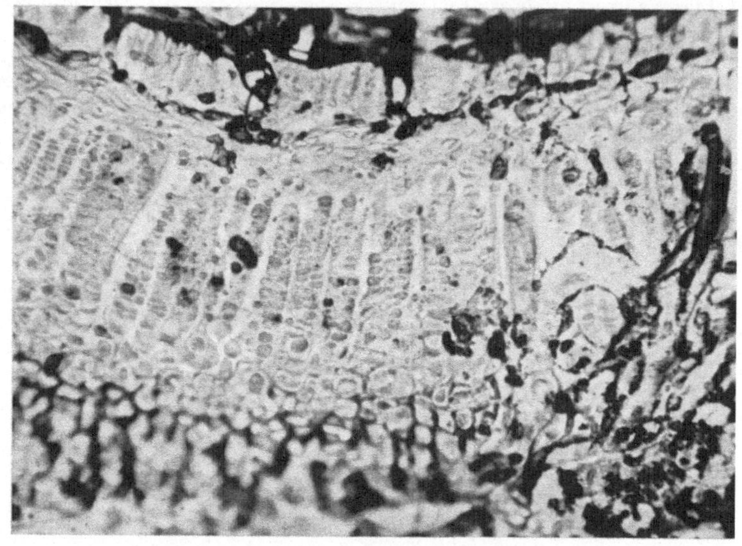

Abb. 4

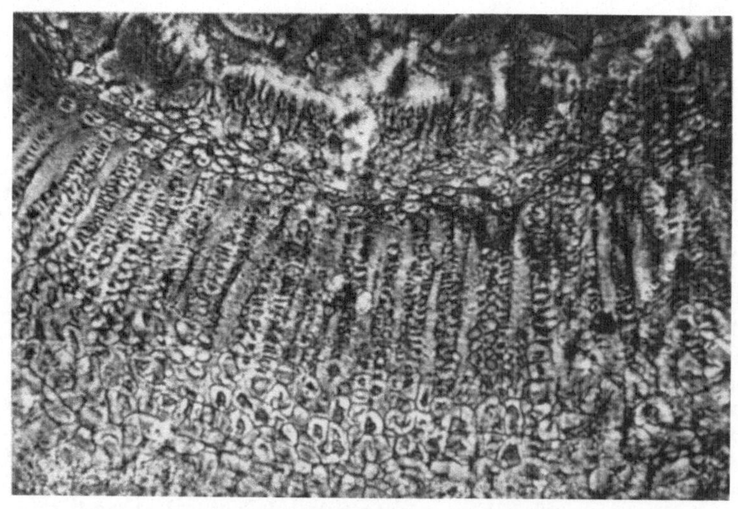

Abb. 5

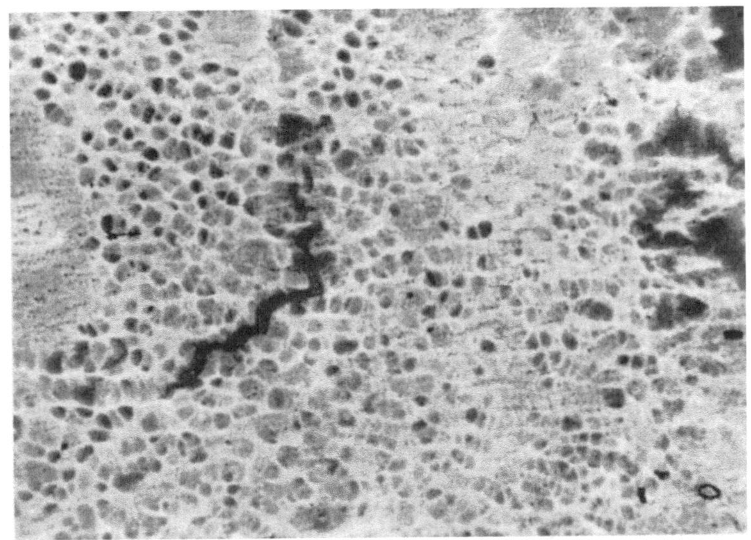

Abb. 6

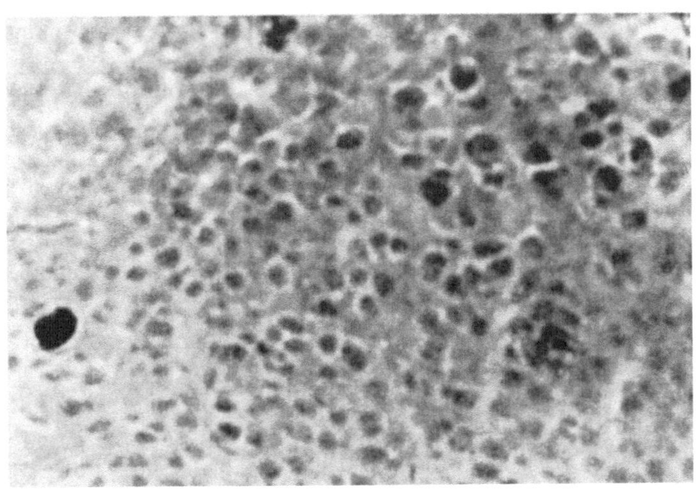

Abb. 7

Autoradiographien mit S^{35} ergaben eine hohe Aufnahme von S^{35} in die Knorpelzellen. Es muß daher in Betracht gezogen werden, daß Schwefel eines der vermuteten Elemente von höherer Ordnungszahl ist.

Diese Untersuchungen lassen die Schlußfolgerung zu, daß die Knorpelzellen am Vorgang der präparatorischen Verkalkung maßgeblich beteiligt sind. Die Arbeiten werden fortgeführt.

CREMER (Mainz): Herr HÖVELS erwähnte die Befunde des schwedischen Autors, der mit phosphoryliertem Vitamin D eine Aktivierung der Phosphatase erzielte. Diese Befunde bekommen eine größere Bedeutung im Zusammenhang mit Mitteilungen von KODICEK und Mitarbeitern über intravenöse Verabfolgungen von Vitamin D und dessen Speicherung. Es wurde festgestellt, daß das Vitamin D zunächst fast gänzlich von der Leber gespeichert wird, dann aber schnell daraus verschwindet und sich in sehr hoher Konzentration im Darm und den Knochen wiederfindet. Diese drei Organe sind nun gerade die, in denen die Phosphataseaktivität sehr hoch ist. Die von Herrn HÖVELS mitgeteilten Befunde würden also tatsächlich dafür sprechen, daß dem Vitamin D bei der Phosphataseaktivierung eine Bedeutung zukommt.

HÖVELS: CRUICKSHANK, KODICEK und ARMITAGE fanden außerdem in Muskel, Haut und Nieren eine Anreicherung von Vitamin D. Von anderen Autoren sind diese Befunde nicht bestätigt worden. Ich weiß nicht, ob diese insgesamt nur 6% der verabreichten Vitamin D-Dosis betreffende Verteilungsweise auf die Phosphatase einen Einfluß hat.

SCHREIER (Heidelberg): Ich möchte noch etwas zum Citronensäure-Calcium-Problem sagen. Wir sind vor einigen Monaten auf Grund von Versuchen an Ratten zu der Überzeugung gekommen, daß die Rolle der Citronensäure vor allem bei dem rachitischen Tier signifikant ist. Natriumcitrat steigert die Calciumresorption und offenbar auch den Einbau in den Knochen; und zwar geben Dosen von 10 mg Natriumcitrat schon statistisch auswertbare Ergebnisse. Zu den Vitaminen C und D ist noch zu sagen, daß Mangelzustände beider Vitamine Aminoacidurie machen, d. h. die engeren Beziehungen der Funktionen im Knochensystem stören. Schließlich wäre noch zu erwähnen, daß Vitamin C Calcium noch stärker als Citronensäure komplexartig bindet, so daß anzunehmen ist, daß hohe Dosen von Ascorbinsäure die Calciumresorption begünstigen.

HÖVELS: Die Heilung der Rattenrachitis durch Citronensäure ist erwiesen. Es kommt zu einer Mehreinlagerung von Calcium und Phosphat, jedoch nur in dem Maße, wie Vitamin D gegeben wird. Vitamin C hat auf die Calciumresorption in physiologischen Dosen keinen Einfluß. Die Befunde über Aminoacidurien, die bei Vitamin D-Mangel auftreten, sind sehr interessant. JONXIS hat zuerst beschrieben, daß Aminoacidurien häufig bei der normalen Vitamin D-Mangelrachitis auftreten. PFAUNDLER, LEHMANN u. a. haben schon lange die Meinung vertreten, daß es eine familiäre Disposition zur Rachitis gibt. Diesen Befunden ist JONXIS[86] nachgegangen und hat bewiesen, daß es in den Familien, in denen gehäuft Knochendeformierungen, also schwere Abläufe der Rachitis vorkommen, auch Menschen gibt, die vermehrt Aminosäuren im Harn ausscheiden.

WEITZEL (Gießen): Ich wollte noch zu Herrn SCHREIERs Bemerkung, Ascorbinsäure sei ein starker Komplexbildner für Calcium, sagen, daß die Stabilitätskonstante für Calciumascorbinat zufällig genau so hoch ist wie für Calciumacetat. Es ist also kein sehr starker Calciumkomplexbildner, Citrat ist wesentlich stärker. Es gibt auch noch stärkere, und zwar befinden sie sich in der Gruppe der Kondensationsprodukte aus Aminosäuren und Zuckern. Es ist möglich, daß der Organismus mit solchen arbeitet. Daß das Chondroitinsulfat hierfür in Frage kommt, ist unwahrscheinlich, da das Kollagen und andere Substanzen, die ebenfalls Chondroitinsulfat enthalten, dann auch Calcium binden müßten, was sie aber nicht tun.

DIRSCHERL (Bonn): ROMINGER hat darauf hingewiesen, daß man sehr vorsichtig sein müsse, wenn man von der Rattenrachitis auf die menschliche schließen wolle. In früheren Versuchen hat man die Rattenrachitis auch dadurch heilen können, daß man der Kost die richtige Mischung von Phosphor und Calcium hinzufügte, was bei der menschlichen Rachitis wohl nicht möglich ist. Hat sich daran etwas geändert?

HÖVELS: Versuche an Ratten eignen sich wenig dazu, Schlüsse auf die menschliche Rachitis zu ziehen. Rein methodisch darf ich folgendes dazu sagen: Rattenrachitis erzeugt man im allgemeinen mit einer ganz abnormen Kost, die viel Calcium und ganz wenig Phosphat enthält. Hier genügt allein schon eine Normalisierung des Calcium-Phosphorquotienten in der Kost, um die Rachitis zu heilen. Darauf hat ULLRICH[56] hingewiesen, und das ist auch kürzlich wieder auf der Macy-Konferenz 1953[1] besprochen worden. Aber mir ging es hier um die Tatsache, daß die Ratten-Rachitis auch durch Zugabe von Vitamin D zu heilen ist.

RAPOPORT (Berlin): Erlauben Sie, daß ich noch zwei Bemerkungen mache. Die eine bezieht sich darauf, daß man — so glaube ich — gar keine Antithese zwischen humoraler und peripherer Wirkung des Vitamins D aufstellen kann, ganz gleich, wo sie sichtbar wird: im Darm, im Knochen oder in anderen Organen. Es muß auf jeden Fall doch ein Effekt sein, der über eine Wirkung auf den regulären Stoffwechsel vor sich geht, und ich glaube, daß vielleicht der anschaulichste Versuch dieser Art von McCOLLUM gemacht wurde. Er hielt Ratten auf einer ganz extrem calcium- und phosphatarmen Kost und behandelte sie mit Vitamin D. Unter diesen Bedingungen bekam er kaum eine Heilung an den Epiphysenenden, sondern Knochenbrüche an den Diaphysen, d. h. eine Rarefizierung und Mobilisierung und gleichzeitig Auflösungsprozesse an den Knochenmitten. Das scheint mir eindeutig zu beweisen, daß die Wirkung des Vitamins D auf den Knochen — selbst innerhalb des engen Kreislaufs, Knochenende—Knochenmitte,—unterschiedlich ist. Das zweite, was man bei jeder Vitaminwirkung bedenken muß, ist, daß wir ein doppeltes Problem haben, nämlich die allgemeine Wirkung der Vitamine und ihre spezifische. Das könnte auch für das Vitamin D zutreffen.

Sie haben die sehr klug ausgedachte Theorie von ALBRIGHT über die sekundäre Wirkung des Vitamins D auf die Niere vorgebracht. Soweit ich mich entsinne, zeigen alle alten Daten, daß bei der Rachitis der größte Teil des Phosphors und des Calciums durch den Darm und nur ein kleiner

Teil durch die Nieren ausgeschieden wird. Wie läßt sich das mir einer Theorie, die der renalen Rückresorption eine solche Bedeutung zuspricht, erklären?

Hövels: Ich darf gleich mit der Beantwortung Ihrer Frage beginnen. Es wird tatsächlich im Harn nur wenig Calcium und Phosphor ausgeschieden. Wir haben darüber zahlreiche Stoffwechselversuche angestellt. Wenn Sie aber die Harn-clearance bestimmen, wie das von Swoboda in sehr schönen Versuchen gemacht worden ist, dann finden Sie, daß trotz einer geringen Ausscheidung im Harn doch eine erhöhte Phosphat-clearance besteht, die sich nach Vitamin D-Gaben normalisiert.

Für Ihre anderen Anregungen bin ich Ihnen sehr dankbar. Sie ergänzen meinen Vortrag, denn ich wollte nicht behaupten, daß die ganze Vitamin D-Wirkung sich auf den Knochen beschränkt. Ich habe sie nur so betont, weil sie zum Teil noch umstritten ist.

Kühnau (Hamburg): Ich glaube, wir dürfen auf keinen Fall übersehen, daß die Vitamine neben den spezifischen auch allgemein biologische Funktionen ausüben, wenn diese auch heute noch nicht für alle Vitamine erkennbar sind. Wir wissen das vom Vitamin K und den Vitaminen der B-Gruppe, die am fundamentalen Geschehen beteiligt und zur Erhaltung des Lebens notwendig sind. Das gilt aber nicht für alle Vitamine, nicht für das Vitamin A und — soweit mir bekannt ist — auch nicht für das Vitamin D. Das sieht man daran, daß die Wirbellosen und die Protozoen das Vitamin D ebensowenig wie das Vitamin A brauchen. Es ist also nicht so einfach, von der fundamentalen Wirkung der Vitamine zu sprechen.